MAKER 軍火庫

U0042244

DIY 速配
輕鬆省

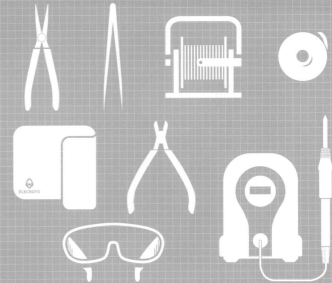

新鮮人
卡位戰

新鮮會員註冊享限時優惠 95 折
代碼 new10571

優惠期限 2016/07/01~2016/08/31

CONTENTS

COLUMNS

30

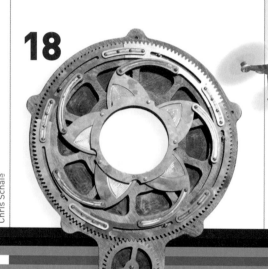

Chris Schaie

18

James Burke

FAB FACTORY

PROJECTS

封面故事：
Lulzbot的Taz 5以高得分、豐富的資料與開放規格融化了我們的心
（赫普·斯瓦迪雅攝影）。

11

Hep Svadja

83

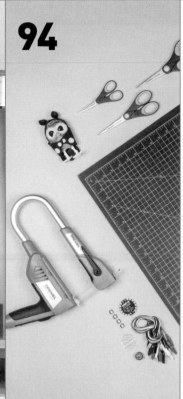

94

80

國家圖書館出版品預行編目資料

Make：國際中文版／MAKER MEDIA 編.
-- 初版. -- 臺北市：泰電電業，2016. 7　冊；公分
ISBN：978-986-405-027-7　（第 24 冊：平裝）
1. 生活科技
400　　　　　　　　　　　　　　　　105002499

EXECUTIVE CHAIRMAN
Dale Dougherty
dale@makermedia.com

CEO
Gregg Brockway
gregg@makermedia.com

*

CFO
Todd Sotkiewicz
todd@makermedia.comEditor-

Editor-in-Chief
Rafe Needleman
rafe@makezine.com

*

EDITORIAL

EXECUTIVE EDITOR
Mike Senese
mike@makermedia.com

PRODUCTION MANAGER
Elise Byrne

COMMUNITY EDITOR
Caleb Kraft
caleb@makermedia.com

TECHNICAL EDITORS
David Scheltema
Jordan Bunker

EDITOR
Nathan Hurst

ASSISTANT EDITOR
Sophia Smith

COPY EDITOR
Laurie Barton

EDITORIAL ASSISTANT
Craig Couden

**DESIGN,
PHOTOGRAPHY
& VIDEO**

ART DIRECTOR
Juliann Brown

DESIGNER
Jim Burke

PHOTOGRAPHER
Hep Svadja

VIDEO PRODUCER
Tyler Winegarner

VIDEOGRAPHER
**Nat Wilson-
Heckathorn**

MAKEZINE.COM

DESIGN TEAM
Beate Fritsch
Eric Argel
Josh Wright

WEB DEVELOPMENT TEAM
Clair Whitmer
Matt Abernathy
David Beauchamp
Rich Haynie
Bill Olson
Susan Price
Ben Sanders
Alicia Williams

國際中文版譯者

Madison：2010年開始兼職筆譯生涯，專長領域是自然、科普與行銷。

王修聿：成大外文系畢業，專職影視和雜誌翻譯。視液體麵包為靈感來源，相信文字的力量，認為翻譯是一連串與世界的對話。

孟令函：畢業於師大英語系，現就讀於師大翻譯所碩士班。喜歡音樂、電影、閱讀、閒晃，也喜歡跟三隻貓室友說話。

屠建明：目前為全職譯者。身為愛丁堡大學的文學畢業生，深陷小說、戲劇的世界，但也曾主修電機，對任何科技新知都有濃烈的興趣。

張婉秦：蘇格蘭史崔克萊大學國際行銷碩士，輔大影像傳播系學士，一直在媒體與行銷打滾，喜歡學語言，對新奇的東西毫無抵抗能力。

敦敦：兼職中英日譯者，有口譯經驗，喜歡不同語言間的文字轉換過程。

潘榮美：國立政治大學英國語文學系畢業，曾任網路雜誌記者、展場口譯、演員等，並涉足劇場、音樂、廣播與文學界。現為英語教師及譯者。

謝明珊：臺灣大學政治系國際關係組碩士。專職翻譯雜誌、電影、電視，並樂在其中，深信人就是要做自己喜歡的事。

Make：國際中文版24
（Make：Volume 48）

編者：MAKER MEDIA
總編輯：顏好安
主編：井楷涵
編輯：鄭宇晴
實習編輯：梁善雅
特約編輯：謝瑩霖、劉盈孜
版面構成：陳佩娟
部門經理：李幸秋
行銷主管：江玉麟
行銷企劃：洪卉君、吳宏文
出版：泰電電業股份有限公司
地址：臺北市中正區博愛路76號8樓
電話：（02）2381-1180
傳真：（02）2314-3621
劃撥帳號：1942-3543 泰電電業股份有限公司
網站：http://www.makezine.com.tw
總經銷：時報文化出版企業股份有限公司
電話：（02）2306-6842
地址：桃園縣龜山鄉萬壽路2段351號
印刷：時報文化出版企業股份有限公司
ISBN：978-986-405-027-7
2016年7月初版　定價260元

版權所有・翻印必究（Printed in Taiwan）
◎本書如有缺頁、破損、裝訂錯誤，請寄回本公司更換

**Vol.25
2016/9
預定發行**

www.makezine.com.tw 更新中！

下列網址提供本書之注釋、勘誤表與訂正等資訊。　makezine.com.tw/magazine-collate.html

Make: EBOOK

訂閱數位版Make國際中文版雜誌，
讓精彩專題與創意實作活動隨時提供您新靈感！

Make:

http://www.makezine.com.tw/ebook.html

Gunther Kirsch

讓人著迷的職人魂
Beautiful Obsessives
Welcome to the rabbit hole
讓我們一起跳進愛麗絲夢遊仙境故事中的兔子洞吧!

文:雷夫·尼德曼（Maker Media 總編輯） 譯:潘榮美

大家好,我是新來的雷夫,不久前才剛接下《MAKE》和 makezine.com 網站的總編輯,這對我來說真的意義非凡,我想在此跟大家分享我有多高興成為他們的一員。

我在科技專欄做了這麼久,其中最讓我感興趣的就是在「互聯網泡沫」(dot-com bubble)時代(1998-2001)時所寫的新創公司每日專欄,每天介紹一位創業者,他們都曾經想要改變世界,不過只有少數人成功。

我非常喜歡撰寫創業者的故事,因為這些創業者都是超乎常人的偏執狂,而這份執著非常讓人著迷。當你有幸和一位對某種主題異常著迷的人交談時,會發現到他們總是樂於談論各種細節,聊得愈深入他們愈是興高采烈。回想起來,這些人的執著也算得上是一種美麗的風景,而他們的對該領域的鑽研也令人讚嘆。

為什麼我會對 Maker 與「自己動手做」如此著迷,因為一位 Maker 職人所積累的知識總是讓我嘆服,即使是生活中看似微不足道的小東西,他們都能展現匠心。以焊接為例,這可以是件不起眼的小事,但也可以將其弄成一門藝術(見 makezine.com/go/nice-welds),或許有人會認為這不過就是把兩條電線接在一起,有什麼大不了的,對吧?不過,有人會選擇精益求精,試圖完成更好的焊接作品(makezine.com/go/nasa-splice),

這兩種看法沒有任何一方是絕對的正確,因為在過程中能將觀念釐清,使技術變得更加純熟。

因此在做專題、手工藝品或使用工具過程中,只要有機會能深入了解,我都很願意試試看,因為看到人們鑽研自己所愛的東西是件很酷的事!

說到使用工具,就不能不提到這一期《MAKE》的年度 3D 印表機評比專題。在這一次的專題當中,我們將十幾位 3D 列印與生產製造的專家聚集在一起,用一個週末的時間,一同評比出本年度最棒的 3D 製造工具。除了熱熔融沉積式 3D 印表機外,在今年我們首次將迷你 CNC 銑床和雷射切割機納入專題中,還有我最愛的 3D 製造商 Printrbot 所出品的大型雕刻機 Crawlbot,這一款機器可以在 4×8 的合板上來去自如,將傢俱零件「印」出來!

這次專題可說是一場知識饗宴,畢竟在日常生活中,很難得能看到這些專家齊聚一堂,分享他們的專業知識及見解,真的是非常過癮!在場每個人都學到許多關於 3D 生產製造的知識以及這領域的最新發展。

在評比的過程當中,我們對於每一臺機器、每一項測試和每一種結果都抱持著不同的看法。直到現在,你手中的雜誌就是我們的職人魂,希望你可藉此得到收穫!

Nick Strayer, Evernote

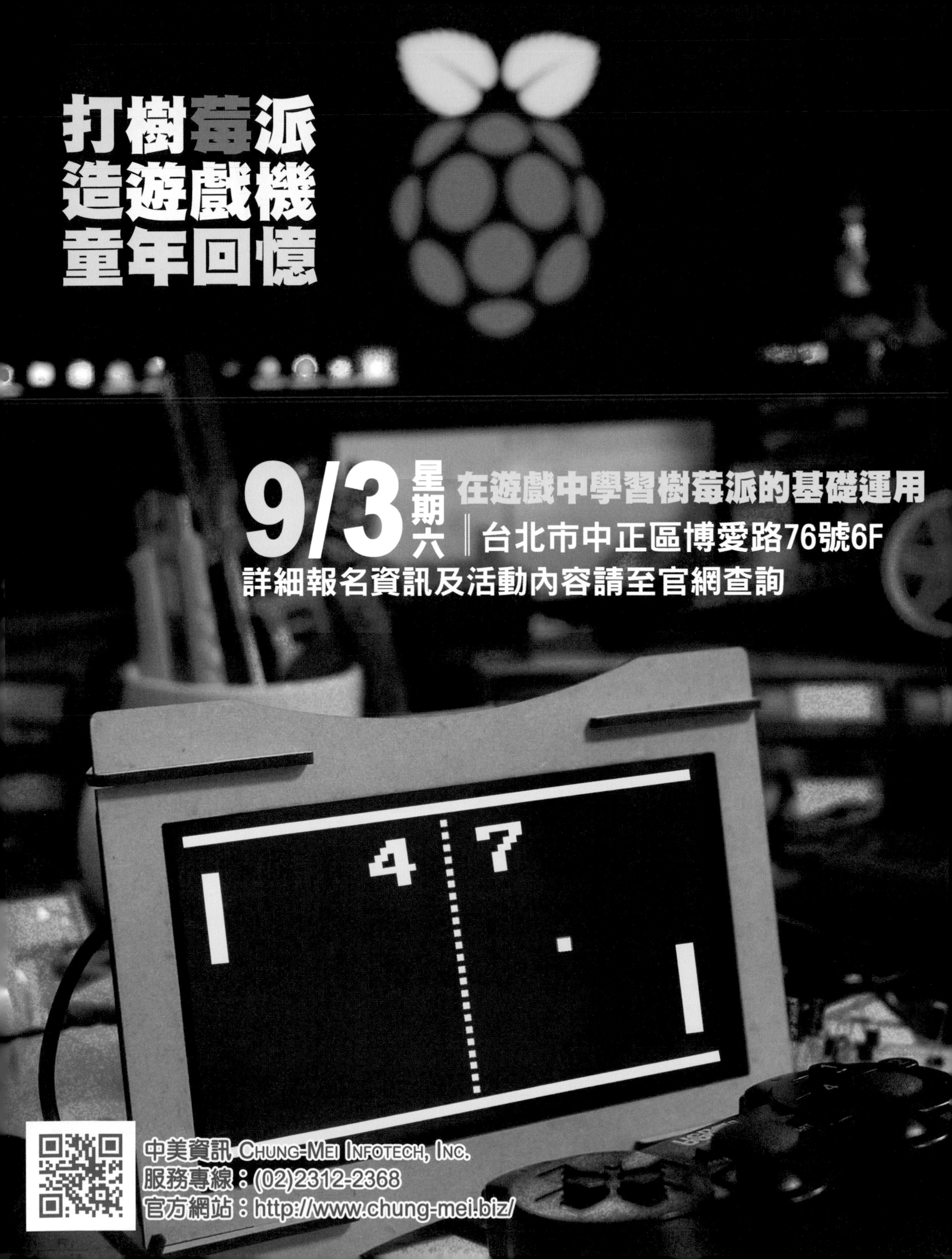
打樹莓派
造遊戲機
童年回憶
9/3 星期六
在遊戲中學習樹莓派的基礎運用
台北市中正區博愛路76號6F
詳細報名資訊及活動內容請至官網查詢
4 7
中美資訊 CHUNG-MEI INFOTECH, INC.
服務專線：(02)2312-2368
官方網站：http://www.chung-mei.biz/

A Cut Above

「桌上工廠」更上層樓
Glowforge的執行長丹・夏皮洛認為3D印表機與雷射切割機應該合而為一。

文：DC・丹尼森　譯：潘榮美

Maker Pro
Q&A

Glowforge

丹・夏皮洛（Dan Shapiro）

身為Glowforge共同創辦人兼執行長，希望藉由他們所開發的史上第一臺「3D雷射印表機」重新塑造人們對雷射切割機的印象。他們的總資金包含募到900萬美元，以及九月份推出半價預購（原價為每臺4,000美元）後，當月第一週營收的五百萬美元。內建40W雷射（也有45W的「進階版本」）的Glowforge充滿驚喜，不但可以裁切 ¼ 厚的合板與壓克力，還有結合雲端的套裝軟體系統，讓操作雷射切割變得更簡單。

在此之前，夏皮洛創立機器烏龜（Robot Turtles）桌上遊戲，教導學齡前兒童程式編寫的基本概念，這款遊戲是目前Kickstarter募資網站史上銷售最好的桌上遊戲。更早之前，他也曾擔任兩間新創公司的執行長，這些故事都可以在他最近的新書《燙手山芋：新創公司執行長攻略》（暫譯）（Hot Seat: The Startup CEO Guidebook）中找到。

這是您第三次擔任新創公司創辦人與執行長一職，您覺得Maker運動改變了什麼呢？

一直以來，軟體產品從構想到實行的路途通常比較短暫，相對地硬體設備從構想到付諸實現則非常耗時，但是在這五年間一連串的Maker運動之後，革命性的變化讓硬體產品的製造門檻大幅降低。

這其中有好大一部份歸功於3D列印社群的技術革新成果，除此之外，Arduino和Raspberry Pi這些走在時代前端的平臺也是居功厥偉。

當開始變得簡單後，更多人會跟著效法，等到更多人效法之後，技術又變得更加簡單，隨著Maker社群的蓬勃發展也帶動了這股良性循環，藉由使用者的回饋，使產品變得更成熟。

這是否改寫了「自製」的定義？

是的，我們正在改寫「自製」的定義，我們不只在「製造東西」，而是在「製造可以生產東西的工具」，

因此「生產」這個概念變得與以往截然不同。

十八世紀的工業革命使得生產成本降低及提高產能，所以這場革命的重要性無庸置疑。不過，大量生產的結果，可能導致產出品質不佳，而且無法針對客戶需求做客製化微調，產品的壽命也不見得很長，容易讓消費者望而怯步。

我的夢想就是結合「自製」的優點，卻又不失去低價格和高產能的優勢。

在3D列印革命中，塑膠材料一直都是閃亮巨星，您認為低價雷射切割機會讓新的材料發光發熱嗎？

我認為會。仔細回想日常生活中用到的東西，很少是完全塑膠製的，通常是片狀材質比較多。往辦公室裡看去，書桌是合板製成，公事包是皮製，外套是纖維製成，而這些東西都是片狀材質，不然，就是由精準裁切而成的物料所組成。

身為經歷三間新創公司執行長老鳥，對於想成為職人的Maker有什麼建議呢？

我認為「以終為始」很重要，想想「誰」會因為你的做為而興奮得睡不著。

機器烏龜桌上遊戲之所以會成功，就是因為世界需要這個產品，而這個產品還不存在。那時我大聲地問：「有沒有人想教學齡前的小朋友寫程式啊？」結果，有一萬三千隻手高舉在空中，大聲回答：「我！」我把想做的事情與需求結合，而不是只做想做的事情，卻沒有人有這樣的需求，一切就這麼簡單。

要想想看，誰會「需要」你「想做的商品」，而不是把「想做的商品」硬是要推給客人。

在makezine.com/go/maker-pro網頁上，可以看到更多Maker Pro的文章與訪談故事，也歡迎訂閱makezine.com/go/maker-pro-newsletter Maker Pro Newsletter喔！

DC・丹尼森 Dc Denison

是Maker Pro Newsletter的編輯，這是一家介紹Maker與商業的電子報，而之前他曾擔任波士頓環球報（The Boston Globe）的技術編輯。

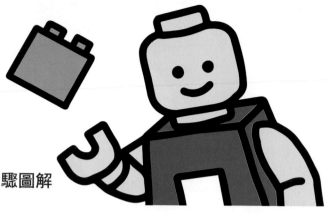

6 Awesome Things to 3D print

6個超讚的3D列印作品

開啟你的印表機──這些專題不但有趣,而且3D列印檔案還免費!

文:《MAKE》編輯部　譯:張婉秦

A

B

C

輕易組裝的 R/C 小車

泰勒·亞歷山大(Taylor Alexander)運用四軸飛行器上常見的Flutter無線控制板跟無刷馬達(圖Ⓐ),打造出這臺小車。他的設計以3D列印完成,而且不需要使用螺絲或膠水就可組裝起來。makezine.com/go/flutter-scout

仿生爪

只要彎曲你的前臂,馬上就會有4英吋長的爪子伸出來!布萊恩·卡明斯基利用3D列印完成這個超棒的專題(圖Ⓑ),展示他公司MyoWare所推出的肌肉感測器。makezine.com/go/3d-printed-bionic-claws

中古世紀芭比盔甲

「我最滿意的3D模型作品就是我的芭比盔甲」吉米·羅達(Jim Rodda,暱稱Zheng3)驕傲地介紹著,他是我們〈桌上型工廠〉測試者中的其中一位(參照P.31)。成品有著複雜的擬真外型,真的超讚(圖Ⓒ)。但這只是這系列的開始而已──你不會相信芭比還配有貓咪拉的戰車。faireplay.zheng3.com

A & B: Hep Svadja, Jim Rodda, Steve Jurvetson, Joao Duarte, Daren Banarsë

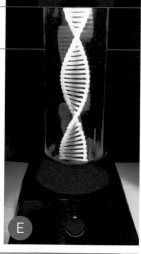

D

E

F

超音速火箭

我們曾經報導過「火箭人」史帝夫‧傑佛特森,他是VC的創始者、火箭製造者以及阿波羅飾品的收藏家,而他現在的新寵是3D列印的模型火箭(圖 **D**)。他在PLA材質的機翼上塗上5分鐘快乾的人工樹脂,就能使其撐過2馬赫,這想法真是太棒了。flickr.com/photos/jurvetson/16243380206

DNA 桌燈

想要個不一樣的熔岩燈?在葡萄牙eLab駭客空間的若昂‧杜阿爾特,利用TinkerCAD設計出這個絕妙好物,一座可在黑暗中發光的螺旋燈絲,再用Arduino程式控制LED,加上一個旋轉底座,營造不斷向上攀升的迷人錯覺(圖 **E**)。instructables.com/id/3D-Printed-DNA-Lamp

新傳統口風琴

忘了那些玩具口風琴,來做個真正的簧片樂器。達倫‧巴納爾瑟做出「世界第一個」3D列印口風琴(圖 **F**),音色聽起來十分悦耳,搭配回收再利用的琴鍵,象牙色的造型讓它看起來很有質感。 melodicaworld.com/3dprinted-melodica-world-first

更多精彩的3D列印專題就在makezine.com/projects。

TechFab Fusion
科技與時尚的融合
21世紀的成衣製造商
文:麥克‧瑟內斯、內森‧赫斯特 譯:張婉秦

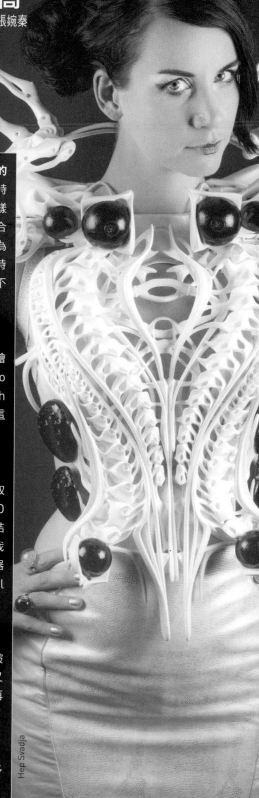

阿努克‧威柏瑞特融合科技及身體的健康需求,用獨特的方式詮釋3D列印時尚。她的作品不只注重藝術與創意,同樣著重電子架構與穿戴性。她的蜘蛛裝(合作廠商為Intel)與煙霧裝(合作廠商為Audi),已經將她塑造眾多思想前衛的時尚達人眼裡的重要貢獻者——以及一位不可或缺的代表性人物。

你的設計流程為何?

我先畫在紙上,再用Photoshop描繪跟變形,接著才送入例如Maya或Rhino這類3D模型製作軟體中。我用ZBrush處理材質表面,後半部則是用KeyShot這類的渲染軟體將3D資料視覺化。

你如何決定合身度?

我會掃描客戶的身體,不單只是為了取得尺寸,同時也能獲得體態及骨架的3D數據。了解一個人如何站立、移動與結構,對完美的設計來說真的非常重要。我用123D Catch、一個Artec手持掃描器或是我設計時使用的平板,其裝有Intel的RealSense。

你會重覆印製很多次嗎?

起碼要三次,因為第一次會害怕組件破裂,所以列印成品都太笨重。第二次時又太小太精緻,所以比較容易破裂,最後再用第三次找出平衡點。

有任何關於3D設計的建議嗎?

不要害怕未知的東西,盡己可能地多多嘗試。

Hep Svadja

11 Rad Things to CNC

11 個超酷的 CNC 作品

趕緊啟動CNC雕刻機或切割機來製作這些令人印象深刻的免費專題

文：《MAKE》編輯部
譯：張婉秦

量身訂製的電吉他

史蒂夫・卡麥克（Steve Carmichael）使用全硬木材質與他的X-Carve CNC雕刻機打造出這把吉他的琴身、琴頸、指板及裝飾（圖 Ⓐ ）。他稱這把吉他是個非常好的例子，融合了X-Carve的準確性以及手工製作的細緻度。
inventables.com/projects/electric-guitar

椅子與工作檯

以合板為材質的Fabchair（instructables.com/id/ fabchai）是俄羅斯設計師雅羅斯拉娃（Yaroslava）的作品，這是款簡易組裝的椅子，適用於住家的工作空間、遊戲間或教室（圖 Ⓑ ）。上網搜尋免費軟體SketchChair（ sketchchair.cc ）後——你只要描線畫出椅子

的形狀，軟體就會自動轉換成獨一無二且客製化的設計圖，讓你可以用CNC工具將其完成。

當你要開始製作，留個空間放置你的機器：參考makezine.com/go/cnc-maker-bench，利用AtFab的參數設計軟體製作專屬於你的CNC Maker工作檯（圖 Ⓒ ）。

Steve Carmichael, Yaroslava, Anna Kaziunas France, Eric Chu, Josh Ajima, Hep Svadja, Mike Tyler, Jeffrey Braverman, Bill Young

專業級的溜溜球

工業設計系的學生（也是Make的前實習生）艾瑞克‧邱（Eric Chu）運用Delrin樹脂跟一臺桌上型Othermill做出這個加裝滾珠軸承的溜溜球（圖 **D**）。「這是個很好的測試項目」他說道。「溜溜球運作得愈順暢，就代表這臺CNC的準確度愈高！」instructables.com/id/OtherYo

驚艷的 3D 地圖

喬許‧艾吉姆是我們的一位測試員，他運用雷射切割九層彩色卡片紙，堆疊成令人讚嘆的浮雕，將切薩皮克灣分水嶺的地形圖轉化成如同博物館等級的展示品（圖 **E**），你也可以用壓克力或木材替代（3D列印也可以）。thingiverse.com/thing:908712

恐龍造型的安全護具掛勾

《MAKE》的實習生山姆‧迪普羅斯（Sam DeRose）設計這些簡單又引人注目的掛勾，用來放置眼睛與耳朵的護具（圖 **F**）。並以雷射切割方式將壓克力處理出四種造型：霸王龍、迅猛龍、雷龍與三角龍。makezine.com/go/workshop-laser-cut-dinosaur-safety-gear-holders

海馬造型的枕梁

CNC工具能輕易雕刻出繁複的建築細節。我們非常喜愛這些由麥克‧泰勒所製作的珊瑚礁枕梁

（圖 **G**）。用ShopBot Buddy雕刻，可替書櫃支撐架與走廊的柱子加上裝飾，或是需要一點海底魔幻的角落。shopbottools.com/files/Projects/Seahorse_Corbel_Tutorial.pdf

Maker 空間

Shelter 2.0是一個扁平包裝且能輕易組裝成10'×16'大小的Maker空間，你可從網站shelter20.com下載裁切的檔案（可關注即將推出的迷你版本），然後依照makezine.com/go/build-a-makerspace建造。

想要有更寬敞的頂部空間，可參考出像里克‧施爾特跟蘭迪‧唐納威所設計的14'×16'CNC Maker工作室（圖 **H**），空間大到可以製作一臺藝術車，甚至是開一堂焊接課。makezine.com/go/cnc-makerspace-shed

QUICKLAP 獨木舟

當造船家比爾‧楊（Bill Young）買了他第一臺ShopBot雕刻機，馬上開始規劃重新設計那艘用傳統材質製成的獨木舟，每塊木板都用CNC裁切出精準且特別的形狀，再用環氧樹脂跟玻璃纖維包覆（圖 **I**）。自此之後，他已經為ShopBot做了幾個特別專題。100kprojects.com/project_pages/Quicklap_Canoe

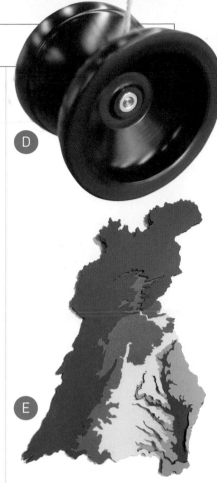

更多精彩的CNC專題就在makezine.com/projects。

巨大的七段顯示器時鐘

Supersized
Seven-Segment Clock

時間：**幾個小時**　成本：**60~80美元**　文：麥特・史特爾茲　譯：張婉秦

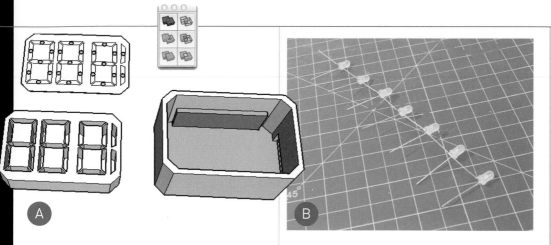

A

B

材料

» **3D 列印的組件，白色 PLA 塑膠材質**。可以免費到 makezine.com/go/3dp-desk-clock 下載 3D 檔案。
» **LED，5mm（23）**。我喜歡藍燈，不過你可以選擇任何顏色，建議不要白色。
» **Arduino Uno 控制板**。Maker Shed 商品編號 #MKSP11 或 MKSP99。makershed.com
» **變壓器，9V**，使用於 Arduino，Maker Shed 商品編號 #MKSF3
» **Arduino 原型擴充板**，例如 Maker Shed 商品編號 #MSMS01，或是 Seeed Studio 商品編號 #STR104B2P
» **電阻：220Ω（7）以及 4.7kΩ（4）**
» **電晶體，型號 2N222（4）**
» **帶狀電纜，至少 8 條，總長 36"**
» **跳線，多芯絞線**
» **熱縮套管**

工具

» **3D 印表機**。可在網站 makezine.com/where-to-get-digital-fabrication-tool-access 搜尋適合你需求的器材或是列印服務。或是從 Maker Shed 購買印表機 makershed.com。
» **烙鐵與焊錫**
» **斜口鉗**
» **剝線鉗**
» **砂紙**
» **剃刀或小刀**
» **裝有 Arduino IDE 軟體的電腦**。可從 arduino.cc/downloads 免費下載
» **專題程式碼**。從 makezine.com/go/3dp-desk-clock 免費下載 ThreeDPClock.ino 程式碼，以及所需的公用程式

　　如果有一個東西是所有人都覺得不夠，那就是「時間」。追蹤我們所擁有的時間是許多偉大發明家的目標——時至今日，製作自己的時鐘就好比 Maker 的入門儀式。

　　在這個專題中，我會示範如何用 3D 印表機製作巨大七段顯示器桌上型時鐘。它可從內部發出柔和的光線，當你告訴朋友這是你自己做的時候，更是讓人開心。

征服世界的時鐘

　　時鐘的起源可追溯至西元 1300 年間所發明的擒縱器，時至今日我們持續嘗試製作出精確的機械鐘。但是即使是最好的擺鐘，若放在一艘顛簸的船上，仍然會失去其準確性，導致它無法導航。在西元 1714 年，英國政府提供一筆獎金給能製造出精確航海鐘的人。由約翰・哈里遜（John Harrison）所設計的航海用計時器終於在西元 1761 年通過測試——航行超過 10 個禮拜，但誤差卻只有 5 秒鐘。

　　第一個電子時鐘於西元 1840 年獲得專利，而第一個石英計時鐘則是製造於西元 1927 年。到了西元 1980 年代固態電子學的先進們讓石英 LED 時鐘有機會散播到全世界。而現今的機械鐘反倒成為裝飾或奢侈的計時配件（勞力士還是採用齒輪設計），不過平凡的七段顯示器時鐘則到處都是：不管是你的車上、第四臺的電視盒或微波爐。現在，就讓我們來自製一個吧！

1. 準備 3D 零件

　　開始這個專題的時候，我用 SketchUp 設計了三個需要列印的零件（圖 A）：外殼、LED 燈架和數字磚（顯示器的表面）。大部分桌上型 3D 印表機列印這些零件需要花上一天的時間。

　　我以描繪的方式仿製標準七段顯示器的數字，顯示器正面較細的部分可使內部的 LED 燈光發散，營造出數字磚發光的效果。你可以自己重新設計這個部分，但要確認內部仍保有足夠的空間，減少漏光的程度。區塊的空間要夠大，讓 LED 能恰好安裝進去，並密封固定在正確的位置上。

　　測試你的 LED 是否符合燈架洞口的大小，如果無法安裝進去，可用砂紙或小刀小心地擴孔。最好使其可以緊密固定在洞口上，所以千萬不要挖太多。

2. 焊接 LED 燈串

　　讓 LED 的針腳直立，較長的針腳靠近自己，短的那端朝外。從靠近 LED 基座的部分，將 LED 較短的電線（負極）向左彎曲超過 90°，而其他 23 個 LED 也用同樣的方式處理。

　　現在，加熱你的烙鐵。拿 2 個準備好的 LED，將彎曲的針腳頂端，焊接上另一個彎曲針腳靠近基座的地方。再拿第三個 LED，將彎曲針腳的角落焊到前一組沒有被焊接的負極上。持續做這個動作直到你完成七個 LED 一組的燈串（圖 B）。

　　你需要製作 2 個像這樣的燈串。

3. 安裝 LED

　　將 3D 列印的 LED 燈架放在數字磚的上方，左邊有 3 個數字 8，然後 1 個數字 1 在右邊。現在，把 LED 燈串安裝到最左邊數字 8 的位置，從左邊最上面的洞開始，這樣燈串就會呈現倒英文字母 S 的樣子。用同樣的方式將另外 2 個 LED 燈串裝到另外兩個數字 8 上面（圖 C）。

　　將最後兩個 LED 裝入最後兩個洞，呈現數字 1。把彎曲的線頭纏繞在一起，留下 1/8"（3mm）的尾巴並豎起來，最後再把針腳焊在一起（圖 D）。

　　修剪 LED 較長那端（正極）的針腳至約 1/8"（3mm）。

C

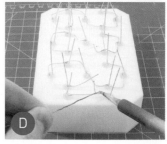

D

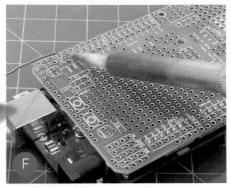

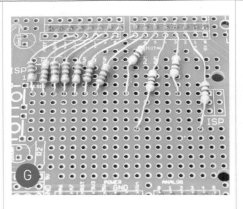

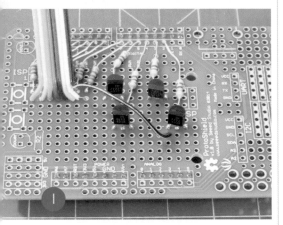

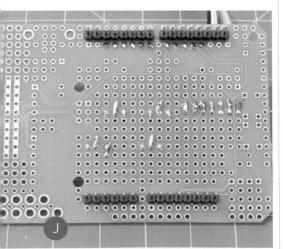

4. 焊接原型擴充板

現在準備好你的原型擴充板，一開始先焊接排針的位置。我發現做這件事最簡單的方法就是先把排針插到Arduino上（圖 E），再把擴充板放在上面焊接（圖 F）。這樣一來，就算你Arduino板上的排針沒有完全垂直，你的擴充板還是可以剛好對到Arduino上的位置。

將擴充板從Arduino上移開，焊上7個220Ω電阻，分別對應到數位腳位6至12，接著把另外一端放到擴充板「空白處」的洞口上成一橫排。把4.7k電阻用同樣的方式安裝到腳位2至5，可是這次要為電晶體留一些空間（至少1列與3～4排），如圖 G 所示，並確保電阻的針腳沒有互相接觸短路。

將電晶體平的那面對著自己，把它們插入4.7k電阻的下一排，使其中央的針腳與電阻的針腳平行並焊接固定（圖 H）。

5. 連接電纜

裁切8"的帶狀電纜，移除任何多餘的電線，只留下8條。在電纜的一端，把七條電線切掉1½"電線，只留下一條長的電線。再把電纜末端的電線分開，距離約½"，並剝除⅛"的外層。而電纜的另一端，則把電線分開約1"，同樣把所有的外層都剝除。

從離長電線最遠的短電線開始，焊接到電阻針腳12下方的洞口中。接著繼續將短電線以同樣的方式處理至針腳6。將長電線焊接到原型擴充板，對應連接到Arduino與腳位2的電晶體左邊的針腳（圖 I）。當你將這些電線焊接固定後，做出錫橋將它們連結到上方對應的針腳（圖 J）。

準備兩條跟之前一樣的電纜，然後直接焊接在下面，依照順序再次連結針腳6至12，以及腳位3跟腳位4的電晶體左邊的針腳。再以同樣的方式準備最後一條電纜，但只要3股即可。將它焊接到腳位8跟腳位7上，並接上最後一個在腳位5電晶體左邊針腳。

最後，裁切四條夠長的跳線，長度要能夠從電晶體右邊的針腳接到板上接地的位置（圖 K 和圖 L）。

6. 接上 LED

焊接之前，先用熱縮套管把每條電纜都包起來。

先從擴充板最上方的電纜，以及LED燈架最左邊的數字8開始，依照這張指示圖（圖 M）將電纜焊接上短卻還沒有焊接的LED針腳上。將剩下的電線（從腳位2的電晶體開始）與LED燈串剩下的針腳焊在一起（圖 N）。

接著從上到下，從左到右，把兩條剩下的8股電纜連結到剩下的兩個數字8。最後，將3股電纜較長的電線（電晶體）連接到那兩條修剪後綁在一起數字1的引線上，並把兩條短的電線與剩下2個LED的2條短針腳相連。

這樣一來，你的焊接工作就完成了！建議你在裝上熱縮套管前，照著步驟7跟步驟8來測試你的時鐘。

7. 上傳 ARDUINO 程式碼

安裝兩個內建的程式庫到你的Arduino IDE中（如果你之前都還沒有做過這個步驟，可遵照 arduino.cc/en/guide/libraries#toc5 上的指示操作）。這些程式庫讓追蹤時間以及操作你剛剛製作好的

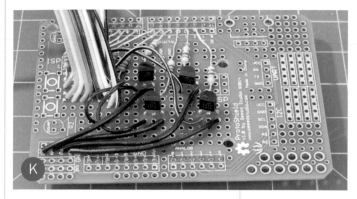

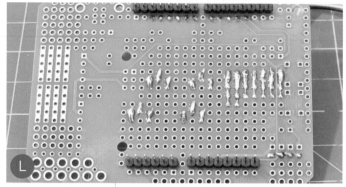

七段顯示器變得很容易。

現在，把你的原型擴充板以及一個USB電纜插入你的Arduino中，再把Arduino接上電腦。如果你之前從來沒有用過這個Arduino，在開始之前或許會需要安裝一些驅動程式（如果有困難，可以向arduino.cc尋求幫助）。

當你把Arduino接上電腦，在Arduino IDE上開啟ThreeDPClock.ino。選擇「工具→控制板」選項，挑選你正在使用的Arduino，然後在「工作→連接埠」的地方選擇合適的序列埠，並點擊上傳按鈕，將程式碼上傳到你的Arduino中。

8. 設定時間

可惜的是，電腦還沒有聰明到可以處理我們所理解的日期，它們較擅長處理內建的日期與時間常式。若要設定時鐘上的時間與日期，需要在Arduino上設定epoch時間（又稱為Unix時間戳記）。搜尋網站epochconverter.com，用下拉選單設定你想要的時間，點擊「Human date to Timestamp」按鈕，並複製所產生的「Epoch timestamp」（圖O）。

在Arduino IDE裡，馬上開啟序列監控視窗，將鮑率設定成9600。現在應該就會立即跳到設定時間的畫面了。輸入英文T，後面貼上你複製的epoch時間戳記（例如：T1425320521）。點擊「輸入」，你的時間就設定好了。

看看你的時鐘，確認上面的時間正確的。現在用熱縮套管包住接線，並加熱固定（圖P）。

9. 組裝在一起

將LED零件放入外殼中，背面先進去。

如果太緊，你就小心地磨掉外殼內側，不過要確保不要修太多——儘量保持這些零件剛好嵌入，這樣就有個無縫隙的外殼。完成！

現在你的時鐘已經裝好，可以開始使用。把它放在壁爐架或桌上，使用牆壁上的電源讓它保持運作。你還是會需要USB來設定時間，可是當你把它接到牆壁上的電源，拔出USB之後，時鐘就會開始跑，好好享受吧！ ❂

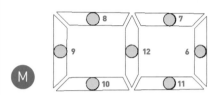

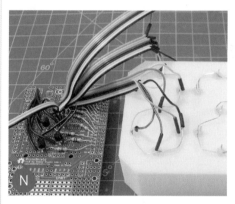

在 makezine.com/go/3dp-desk-clock下載專題程式碼與3D檔案，並分享你的成品。

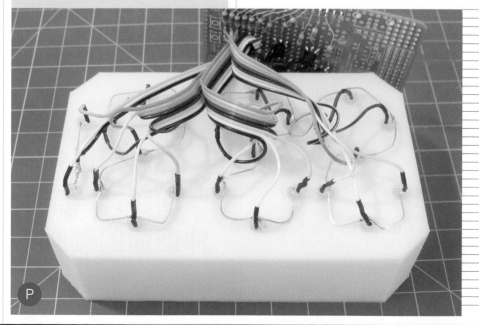

CNC 手沖咖啡架
CNC Drip Coffee Stand

文：韋肖・陶瓦　譯：王修聿

韋肖・陶瓦
Vishal Talwar

是名軟體工程師，在加州奧克蘭新成立的照明設備公司擔任技術長，並鑽研困難度比軟體高的韌體和硬體。在閒暇之餘，他喜歡從零開始設計各種寓教於樂的自造專題來堆滿他的公寓。

時間：
一個週末
成本：
40～60美元

材料

» 陶瓷咖啡濾杯，我用的是 Hario V60 02
» 胡桃木板，$\frac{1}{2}$" 厚，7"×26" 以上
» 軟木片，$\frac{1}{4}$" 厚
» 木材塗料 我使用 AFM 天然油蠟（Naturals Oil Wax）
» 鋁片，6061 鋁合金，0.040" 厚，5"×5" 以上，onlinemetals.com
» 木材專用膠 Titebond 或類似產品

工具

» CNC 雕刻機和鑽頭：
» 下切鑽頭，$\frac{1}{4}$" 用來切削木材和軟木
» 直柄鑽頭，$\frac{1}{4}$" 用來切削鋁片
» 剪刀或雷射切割機
» 砂紙，號數：150 和 220
» 打磨砂輪（非必要）
» 切割工作檯（非必要）配用 $\frac{3}{8}$" 的圓角鑽頭

打造一件質感滿分的手沖架來沖泡你的咖啡

我的一位好友看過要價不斐的手工手沖架後，便委託我幫他的 Hario V60 陶瓷濾杯量身打造一個手沖架。我所設計的手沖架整體外觀比起一般的手沖架多了一些曲線造型，我為這個專題訂了三個目標：必須容易清洗、完全使用天然材質（不使用密集板或塑膠），而且整體看起來不要有太明顯的 CNC 切削痕跡。

為了達到上述目標，我選用胡桃木（胡桃木的材質不易顯現咖啡滴痕），並在手沖座兩處加上可拆卸清洗的軟木，來吸收溢出的咖啡。為了賦

予手沖座質感，我用 CNC 雕刻機切了一片鋁合金圓孔盤置於底座中。

1. 裁切木頭

先將 CNC 鑽頭歸零校準，並確認木板尺寸是否足夠裁切出所需組件，而在組件邊緣都需要預留一些空間（至少 7"），以避免裁切施力造成組件挪移或變形。我建議先用螺絲將木板固定在一塊較大也較穩的廢木板上。

你可以在專題頁面 makezine.com/go/cnc-coffee-stand 找到 DXF 向量檔，以及我用來裁切外形的 Vcarve CAM 檔，當中都存有刀具路徑。此手沖架有四個主要組件：上座、兩組相同的側邊支架，以及底座（圖 ）。

上座是放置濾杯處，內緣經過輪廓切削加工，能吻合濾杯底部的凸緣（圖 ）。內緣也做了凹槽設計，可使濾杯與嵌入的軟木更貼合。為了確保密合度適中，軟木內徑和杯緣的外徑必須吻合。

兩側支架皆有矩形凹槽，能以卡榫方式與上下兩部分相連，讓手沖座的外表看不出接合處。如果你不打算修圓角（參照步驟 4），就得將矩形的邊角切深一點，做成俗稱的狗骨頭（圖 ），因為雕刻機的鑽頭無法在挖槽時做出完美的 90°角，這個步驟都用 1/8" 的鑽頭即可。

2. 裁切軟木

要製作嵌入上座內緣的軟木，首先裁切一條等長於上座內緣圓周的軟木，並修整軟木內側使其與內緣凹槽吻合，再將其裝入上座內緣（圖 ）。使用 CNC 雕刻機裁切時，要使軟木保持攤平十分困難，因此我建議使用切割工作檯來切削及挖凹槽，使用雷射切割機也可以，或是拿一支耐用的剪刀搭配樣板裁切也行。

相較於上座，底座只需要一個能嵌入凹槽的簡單圓形軟木即可，記得替軟木預留一些膨脹空間。如果軟木無法攤平，可以將其置於蒸氣中數分鐘，再用重物壓平。

3. 裁切鋁片

首先將鋁片用螺絲鎖在廢木板上，才能確保鋁片在加工過程中保持平整。使用 1/4" 的直柄鑽頭來鑽孔（我使用 Grasshopper 3D 排列出蜂巢形狀的孔洞），接著裁成和底座軟木同等樣大小的圓，以置於其上（圖 ）。

裁下鋁製圓盤後，我使用打磨砂輪去除毛邊。

此步驟同時還會做出霧面效果。

4. 修圓角

使用切割工作檯搭配 3/8" 圓角鑽頭來修飾木頭的邊緣，同時添加手工質感（圖 ）。另一個修圓角的好處，就是你不需要過切支架凹槽的邊角，因為不會有 90°角需要加工處理，你也可以使用圓角鑽頭來修整上座軟木的內裡。

如果你偏好有稜角的設計，或是手邊沒有切割工作檯可用，就能直接省略此步驟。

5. 組裝測試與表面處理

上膠固定手沖架前請先假組，包括你最愛的咖啡杯與濾杯也要放上去試看看。根據你的喜好，用砂紙替木製組件和軟木拋光。我先後使用了 150 和 220 號數的砂紙，直到組件的表面摸起來平滑為止。

我在組件和軟木表面上了兩層 AFM 天然油蠟，比起我以前使用過的合成塗料，我更喜歡天然油蠟為木頭表面帶來的光澤和層次感。切記別讓凹槽部分沾到油蠟，否則會妨礙黏合作業。

6. 黏合組裝

由於 CNC 雕刻機可切削得十分精準，手沖架的組件應該只需要一些巧勁便可以緊密扣合在一起，因此若要拆解也是不難，不過如果你打算天天使用手沖架，可以在接合處塗上一點木材專用膠來增加耐用度。

在兩側矩形支架的凹槽處塗上膠後即可組裝，靜待十分鐘，再用刮刀或溼布清掉多餘的殘膠。

7. 開始沖泡

使用全新手沖架（圖 ）為自己泡杯咖啡吧！我敢保證，這杯咖啡喝起來絕對更為香醇。

BEFORE

AFTER

Gunther Kirsch

Vishal Talwar

前往專題頁面並下載 CNC 範本
makezine.com/go/cnc-coffee-stand

CNC Mechanical Iris
CNC 機械光圈
用CNC或雷射切割機製作出通往美麗世界的窗口

文：克里斯·薛伊　譯：王修聿

克里斯·薛伊
Chris Schaie

具美術、平面設計和廣告背景。他在2009年入手第一臺CNC雕刻機，並於一週後在灣區 Maker Faire 的 Shopbot 營首次接受 CNC 訓練。2010年，他將該專題帶到 Faire，因而獲頒藍絲帶編輯精選獎。目前經營小型 CNC 企業的他，同時還在加州聖地牙哥的（Makerplace）擔任 CNC 講師。

時間：
6～8小時
成本：
10～150美元

材料

» 黃銅片，0.090" 厚，
  12"×36"
» 高品質合板，³/₄"×24"×48"
  例如波羅的海樺木
» 黃銅盤頭小螺絲，6 號，1"（5）
  和 ³/₁₆"（30）。
» 聚甲醛或尼龍製墊圈，6 號
  （20）
» 黃銅盤頭木工螺絲，10 號（6）
» 黃銅墊圈，10 號（10）
» 平墊圈，直徑 1" 聚甲醛或尼龍
  製
» 黃銅球形把手
» 小螺絲，平頭適合鎖球形把手，
  通常使用 8 號 ×³/₄"
» 固定用螺絲（5）可將完成的零
  件固定於任何表面
» 螺絲固定膠：例：樂泰（Loctite）

工具

» CNC 雕刻機或雷射切割機 我使
  用的型號是 ShopBot Buddy
  48，附有 4' 行動電源，若有
  購買的需求，請到 makezine.
  com/where-to-get-
  digital-fabrication-tool-
  access
» 鎢鋼 CNC 雕刻機鑽頭：
  » 下切式螺旋鑽頭，¹/₂" 木頭
    用
  » 端銑刀，¹/₄" 和 ¹/₈" 用於非
    鐵金屬
  » V 型鑽頭或者雕刻刀頭
» 裝有 CAM 軟體的電腦，我使
  用的是 Vectric's V-carve
  Pro。
» 切割檔案 DXF 向量圖形草圖
  和 CRV 檔案可至 makezine.
  com/go/cnc-mechanical-
  iris 免費下載
» 高轉速電動工具，附切斷砂輪
  片，例：真美牌 Dremel 電動
  工具
» 電鑽和鑽頭：36 號、27 號、
  18 號、9 號和埋頭鑽，強烈建
  議使用鑽床
» 附有把手之螺絲攻，6 號
» 銼刀或修邊工具
» 砂紙
» 雙面膠
» 砂輪機（非必要）讓作業過程更
  輕鬆迅速

一切起因於想替當時的店門找尋更理想的貓眼。

我在網路上亂逛時，搜尋到一則關於光圈的討論串。其中大多在比較多部電影作品中，某個傳統圈入／圈出轉場鏡頭的優缺點。那種鏡頭最主要的問題，在於其中心的開口永遠無法完全閉合。我和幾名網友開始腦力激盪，想找出解決方案。但當時討論串中不斷提到〈星際大戰〉（「死星」中的拉門和「千年鷹號」頂端的艙門）。然而當我看見某人發表的文章中，有一幅畫有多片弧形葉片聚合於一中心點的圖時，此專題便由此而生。

你可以使用雷射切割機，輕易在 ¹/₄" 的壓克力板（圖 **A**）、合板或硬紙板上割出光圈。我則使用黃銅來製作多個光圈，總共花了 70 美元的材料費。

1. 準備裁切用檔案

丈量材料的厚度之後，在 CAM 軟體中依你的需求修改檔案設定，以便切出漂亮的孔，並留下所需的接點。若是使用雷射切割機，那就將派不上用場的挖槽設定改成雕刻行程，或是直接取消，再依你使用的機型輸出切割檔案（G-code）。

2. 裁切零件

我將切割檔案依使用的鑽頭尺寸分類：切割出零件用 ¹/₈"，挖槽用 ¹/₄"，標記鑽孔點用雕刻刀頭，背襯合板則用 ¹/₂"。

你得想辦法將零件固定在雕刻機的工作檯上，你可先用雙面膠來固定黃銅片，再使用雕刻機切

出用來鎖螺絲的孔，就能將螺絲鎖在切削時不會碰撞到的位置。

3. 鑽孔攻牙

按組裝圖所示位置鑽孔，接著用 6 號螺絲攻在 36 號孔位攻牙（記得加點潤滑劑輔助）。

4. 除屑修邊

是砂輪機派上用場的時候了，磨掉剩下的固定接點，並用銼刀或其他專用工具修掉毛邊。

5. 組裝零件

使用短的 6 號螺絲，將牽動此裝置的外環組裝起來，再將木工螺絲穿過開放式凹槽後，在其後方套上黃銅墊圈，並將外環裝到合板上。

使用長的 6 號螺絲，將內環和每一枚光圈葉片的一角固定到合板上，並在每一層之間加上聚甲醛墊圈。再使用短的 6 號螺絲和墊圈，將 5 個連桿接起來。

接著組裝球形把手，再驅動齒輪後方鑽埋頭孔，再鎖上平頭螺絲，將把手與齒輪固定。最後使用木工螺絲和墊圈，將驅動齒輪裝上去。

欲將整個組件安裝到門上時，我偏好使用刀鋸先粗略鋸出孔的形狀，再用附有軸承的修邊鑽頭修掉邊緣。

我也製作了戶外版本，也就是一扇光圈大小的黃銅窗，並在表層上釉做防水處理。欲購買套件，請點選我的網站連結 schaie.com/cnc。●

詳見專題頁面來觀賞光圈實際操作影片或分享你的成品
makezine.com/go/cnc-mechanical-iris

Chris Schaie [main]; Metalab [A]

Automatic Watch Winder
自動手錶上鍊盒 文、攝影：黃泰穎
用Arduino來替你的手錶自動上鍊！

求只要能達到維持手錶持續運作的動能，暫時不需要其他功能，所以就自己來做一個吧。

翻翻平日蒐集的零件材料發現，除了固定手錶的承載盒和底座沒有適合的替代品，其他大致都能找到相關備用品取代。正好還有多餘的ULN2003步進馬達驅動模組和5V步進減速馬達，看起來非常適合用在這次自動上鍊盒的機芯上；至於Arduino Pro Mini電路模組，則是尺寸十分迷你，適合用來塞入狹小的地方，所需的IO接腳也相當足夠。

外型方面原本是打算拿塊L型的透明壓克力板上挖洞，再裝上5V步進減速馬達來帶動另一塊小型的壓克力盒；但試做後效果發現支撐力及防塵效果不佳，才改成目前的方式。

整體規劃與前置

在網拍尋找新的錶盒時，我發現監視器專用的鋁質海螺半球外殼似乎可以拿來嘗試做為這次上鍊盒專題的底座，還好價錢也不算貴，最後我訂了鋁殼和塑膠兩種回來實驗。

買回來後發現塑膠海螺半球上半部外殼可以一次裝進ULN2003步進馬達驅動模組及減速馬達，前方的透明鏡片比鋁質外殼好拆卸，另一方面也方便鑽孔等加工處理，這次便選用此材料。

壓克力手錶收納盒和放置手錶的收納海綿是在拍賣網站上向專賣手錶用品的賣家購入（圖 ）。一來可以確定一般手錶都能裝入，二來可以省下額外改造時間成本，而且兩樣加起來也不貴。

供電部分是選擇以USB線搭配行動電源的方式。USB線是從廢棄的USB滑鼠上剪下回收再利用的，省去了購入的費用。當然，如果您手邊有其它廢棄USB裝置的線材，也可以拿來使用，基本上我們只取用電源部分，並沒有使用到資料傳輸腳位。像我這次使用的回收USB線，剝開絕緣層後，裡面正好只有正負電源線各一條。焊接Arduino Pro Mini電路板之前，請先拿三用電表等儀器檢查正負極，確定無誤

黃泰穎
待過資訊電子產品驗證實驗室和美商BIOS公司。閒暇時喜愛DIY的Maker，興趣包含透明水彩、音響及攝影，也是喜歡去日本旅行的愛好者。

時間：
約3〜7小時
成本：
約600新臺幣

材料

- » Arduino Pro Mini（1）
- » LED，數個。
- » ULN2003 步進馬達驅動模組（1）
- » 5V 步進減速馬達 28BYJ-48（1）
- » 鋁質海螺半球外殼監視器座（1）
- » 塑膠海螺半球外殼監視器座（1）
- » 壓克力手錶收納盒（1）
- » 海綿（1）
- » USB 電源線（1）

工具

- » 熱熔膠槍
- » 烙鐵與焊錫
- » 尖嘴鉗
- » 斜口鉗
- » 剝線鉗

自從買了一支不用裝電池的自動上鍊錶後，我便會偶爾注意手錶的指針是否有充足的電力；而在平時沒有配戴時也想確認手錶有辦法繼續準確地運作，並在下次需要配戴時便能馬上使用。為此，我一開始先在網路上到處物色哪邊有功能簡單、不花俏的自動上鍊盒。在各拍賣網站上查到了幾款平價的自動上鍊盒後，發現其實構造似乎不太複雜，基本上就是將動位能轉換成手錶上的電能。市面上產品的售價大都超過千元以上，在經過評估後，決定目前的需

後再焊接至 Arduino Pro Mini 的電源輸入端。

> **注意：** 每在通電前請再三檢查，以免通電後造成 ARUDINO PRO MINI 電路板損毀或其他零件受損。

在燈號指示方面，這次加入3種狀態LED燈號，方便我們在運作時檢視目前的情況：

紅燈：在第一階段 Arduino 自動上鍊盒通電後，會有正轉半圈及反轉半圈動作檢查，此時紅色 LED 閃爍。

黃燈：第二階段，當進入一小時的運轉程序時，此時黃色 LED 恆亮。

綠燈：最後，當上鍊盒完成一小時的正反轉運作後，綠色 LED 將會亮起（圖 **B**）。

外殼機構鑽孔

首先標示出壓克力收納盒的中心點，畫出承載轉盤尺寸、螺絲孔位。鑽好所需的孔位後，鎖上螺絲。在此我使用熱熔膠沿著承載轉盤補強（圖 **C**）。

再來是放置馬達和全部電路總成的塑膠殼機構座，預先鑽好要固定馬達的螺絲孔還有背面的三個 LED 指示燈孔位，大約直徑3-5mm。之後會依序裝上 LED，稍後會使用熱熔膠固定 LED（圖 **D**）。

設計 Arduino 程式

這次的專題功能大致如下：首先，

> » 手錶上鍊盒通電後，一開始會先順時針轉半圈再逆時針轉半圈，同時紅色

LED 燈閃爍。此時目視檢查馬達和壓克力表盒在運作時是否平順穩定。如有問題發生便能及早斷電處理。

> » 當前一個階段檢測止常後，此時會開始一連串的順時針或逆時針旋轉，行程大約是1小時（此時間可以依實際所需修改，1~2小時都好）。此時黃色 LED 指示燈將會亮起。

> » 在完成指定的行程後，壓克力表盒會自動停止。綠色 LED 指示燈亮起，表示儲存電能程序完成。最後，只要斷開電源就能將手錶取下了。

Arduino 範例程式碼也可以由 github.com/Almoon/Arduino-watch-winder 下載。

組裝自動上鍊盒

以上步驟都完成後，就要進入組裝的步驟了。首先，將步進減速馬達安裝至底座，並加以固定。接著安裝三顆 LED 指示燈，並使用熱熔膠固定，然後將步進馬達驅動模組板安裝至底座內，安裝時需注意電路板上的絕緣，還有電線走向。

再來，放入 Arduino Pro Mini 控制板。此時底座裡面塞了不少東西，請一方面做好絕緣保護措施（筆者在電路板底部貼滿了絕緣膠帶），並小心別弄壞其他已經塞入的零件（圖 **E**）。

在此處，我們先將 USB 電源線繞過金屬底座後再進行組合（圖 **F**）。接著調整好傾斜角度（大約45度）後再慢慢旋緊固定。

最後，將壓克力錶盒與減速馬達軸承兩

個零件透過承載轉盤上的孔位安裝好。請檢查馬達軸心是否會被底座阻擋，固定馬達的底座是否穩固或歪斜，運行平順，軸心沒有偏移或其他異音等問題（圖 **G**）。

> **注意：** 固定壓克力錶盒和減速馬達軸承之間的固定螺絲偶爾會有鬆脫的現象，原因在於這顆固定螺絲是連接二大部件的地方，是唯一的固定點，也是受力較大的地方，所以長期運作或拿取時可能需要再重新鎖緊。

完成！實際測試運轉吧！

完成了硬體裝配後，我也依照自己需求寫好了讓裝置動起來的控制碼，再來就是直接裝上手錶來進行測試了！

首先從上方的壓克力手錶盒內取出海綿，將手錶套在海綿適當的位置上，再裝回手錶盒。然後，將 USB 電源線插到您的行動電源或其他 USB 埠裝置上（筆者習慣使用行動電源來進行供電，因為方便放置與攜帶）（圖 **H**）。

此時您做的自動上鍊器應該能順利地帶動您的手錶，慢慢地將旋轉動能轉換為手錶上的電能。如果順利的話，原本靜止不動的指針和發條慢慢地也會開始動起來。

最後，當自動上鍊盒停下來的同時，綠色指示燈也會亮起，您可以放心地移除電源。您的手錶已經充好能量在嘀嗒地運作囉！ ◢

> 將陸續整理作品分享於部落格
> almooncom.wordpress.com/

天使獸模型動手做
DIY Angemon Model

用隨手可得的材料，打造童年回憶
中的怪獸模型！

文、攝影：唐嘉穎

類在製作時不好控制，且羽毛翅膀在這樣比例大小的模型上顯得有點不自然，所以最終還是用了不織布來呈現（圖 E）。

首先在不織布上畫出想要的翅膀形狀，每片翅膀會由一片大的翅膀（主）和一片小的組成。翅膀一共有6隻，所以我們必須剪出6個大的和6個小的。組合翅膀時，必須在小的部分夾入一小段毛根，這段毛根是用來固定和控制翅膀，黏上後將小的部分用夾的方式黏在大的部分，如此就完成了一隻翅膀（圖 F）。

> **注意：** 在製作時必須將毛根露出一寸左右。

6隻翅膀都完成後，將毛根部分組合在一起，整個翅膀就算大功告成了。翅膀與身體的鏈接則使用了魔鬼氈，我喜歡使用魔鬼氈的原因能夠輕鬆更換配件又不會損害到模型，穩固又耐用。

4. 製作頭髮

這次製作的頭髮算是一次新的嘗試，靈感來自於模型的頭髮。原本打算使用羊毛氈來完成，不過最後還是使用了泡棉板。在參考了模型的頭髮，將頭髮分成幾個部分剪出（圖 G）。剪好後，再一個一個地進行加工。

> **小祕訣：** 將泡棉板對摺，沿著對摺的邊緣輕輕的剪出一個凹痕，這樣重複地多剪幾條，就能呈現出頭髮的感覺了。

在頭髮的邊緣可能會有些方正平角顯得不真實，解決這問題的方法就是用打火機稍微的烤一下，邊緣就會變得圓潤一些。不過不能烤太久或火開太大，不然泡棉板會燒掉。將做好的各部件組合在一起，頭髮就完成了（圖 H）。

時間：
4~5天
成本：
約400新臺幣

唐嘉穎
出生於馬來西亞，畢業於新加坡南洋藝術學院動畫系，喜歡怪獸、假面騎士，經常用隨手可得的材料來製作東西。
www.facebook.com/tang.j.ying

材料
» 毛根：約15根
» 布（30cm）
» 不織布（A4 大小）
» 輕黏土
» 泡棉板
» 娃娃眼珠（4）
» 海綿（1）
» 卡紙
» 膠紙
» 細鐵線
» 魔鬼氈
» 竹籤（1）
» 報紙

工具
» 熱熔膠
» 打火機
» 麥克筆
» 膠水

數碼寶貝是很多人小時候的回憶，想當年，數碼寶貝的玩具是多不勝數；可能有些人會因為當時零用錢沒存夠而錯過了自己最喜歡角色的玩具，一直遺憾到現在（我也是其中之一）。所以現在，我們就來動手做出自己喜歡的數碼寶貝角色吧！

1. 製作素體

首先要來製作身體的部分。天使獸的身體是由毛根紮成的，完成後就能在骨架的大腿和身體部分包上海綿，這是為了讓身形看起來夠粗壯。因為天使獸的身軀屬於瘦的類型，所以不必使用太多的海綿，只要做出肌肉的輪廓就行了。包好海綿後再包上一層布，簡單的素體就完成了（圖 A）。

2. 製作肌肉

接著要替素體加上腹肌。這是非常簡單的肌肉製作方式，所需的材料只有布和海綿。將海綿剪成方塊狀，剪出6片一樣大小的方塊（圖 B），然後把這6片整齊的黏在一塊布上。完成後就布翻過來，將布塗上一些膠水，慢慢的塞進海綿與海綿的縫隙裡，一邊塞一邊修飾定型，這樣腹肌就形成了（圖 C）。

注意：方塊與方塊之間必須留下一些空隙。

軀幹其他的部分，也是使用海綿加上布來製作。包覆後再慢慢調整、修飾出想要的身形，完成如圖 D。

3. 製作翅膀

在這次的製作過程，翅膀的部分讓我特別苦惱了一下。我絞盡腦汁，想了各種方法，因為是翅膀，曾想過用羽毛類的材料，但畢竟羽毛

5. 頭部與面具的製作

本次的專題我使用了輕黏土來完成嘴巴的部分，面具部分則使用泡棉板。為了方便上色，面具和臉設計為可分開，並使用了魔鬼氈來黏合。因為面具的造型有些圓潤，所以製作時要使用打火機，稍微在泡棉板的表面烤一下，讓泡棉板軟化；並趁泡棉板軟化時快速地捏塑成形，讓泡棉板產生弧度。泡棉板凸起後，剪出天使獸面具的形狀，然後用薄泡棉板做裝飾，天使獸的面具就完成了。因為製作的面具是可拆卸的，所以臉的一端也貼上了魔鬼氈，這樣就完成了可拆卸的機關（圖Ⓘ）。

6. 上色

上色使用了acrylic顏料，首先身體的部分會上一層白色，待白色乾透後在肌肉與肌肉之間的縫隙塗上淡淡的藍色做為陰影色（圖Ⓙ）。頭部面具的部分會使用黑色滲入一些銀色，讓金屬效果更加明顯。臉部的上色用了米色為皮膚色，顏料乾了後用細毛筆畫出嘴唇的粉色。因為頭髮有著不同的曲線紋路，我們可以先在頭髮上上一層底色，之後再塗上淡淡的深色，讓深色顏料滲透不同的紋路，這樣頭髮就看起來更加生動自然（圖Ⓚ）。上色時可以儘量多上幾層顏色，這樣能讓模型整體色彩更加濃郁。

身體上的釘子則使用了娃娃的眼睛，將眼睛用熱熔膠黏上，上色後就是個釘子了（圖Ⓛ）。

7. 天使獸的神聖之杖

製作神聖之杖使用了最容易得到的材料——竹籤，為了讓掩蓋掉竹籤表面的木質紋路，我在竹籤上包了一層報紙，讓表面變得光滑，這樣上色後整個木棒會顯得更加有金屬質感。上下兩端的繃帶是用卡紙完成的，而上頭的小點都是用熱熔膠點出來的。既方便又省時（圖Ⓜ）。

8. 紫色布帶

天使獸身上的布帶是使用紫色的布做成的。為了讓布能夠定型，如同飄起一般，我在布帶的背面黏上了細細的鐵線做為支撐，這樣布帶就能不用任何膠水地纏著天使獸的身體了（圖Ⓝ）。布帶上的文字是直接用麥克筆寫出來的（圖Ⓞ）。

9. 總結

最後將所有製作好的部件組合在一起，逼真的天使獸模型就完成了（圖Ⓟ、Ⓠ）！

這次的作品讓我有了很多新的嘗試，比如頭髮的製作，熱熔膠的使用，還有翅膀的材質選擇。臉部的造型自己覺得非常滿意，一開始還擔心做不出需要的效果（以為人物捏土還不熟練），結果還是不錯的，總算嘗試了將輕黏土融入這次的作品中，這是我一直想嘗試的。今後也會挑戰製作出更多吸引人的模型專題。❂

更多模型製作資訊請見www.facebook.com/handcraftrider。

文、攝影：趙珩宇

Dual Extruder 3D Printer
3D印表機雙噴頭改造 改造出可列印雙色物件的噴頭

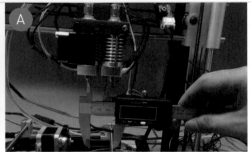

相信許多 Maker 們都擁有自己的 3D 印表機，當然也會有備用的 3D 印表機。除了拿來增加列印零件的速度外，或許可以嘗試看看讓它多一個噴頭，使用不同顏色、特性的線材來讓自己的專題更加多元。現在就動手改裝看看吧！

1. 使用擴充板

本專題中使用的印表機則是廣受自組 3D 印表機玩家喜愛的 Prusa i3 機型，並搭配最常使用的 Ramps 1.4 擴充板來進行改裝。

Ramps 1.4 擴充板是一種開源擴充板，原本就有為了雙噴頭而進行的設計，詳細資訊可以上 3D 印表機開源專題 RepRap 的 RepRap Wiki 進行搜尋，在這邊只針對改裝內容進行説明。在這張板子上有 5 個步進馬達驅動板的接腳孔位，一般組裝時會接上 X、Y、Z 以及 E0，而在 E0 旁邊還有一個 E1 的步進馬達驅動板的接腳孔位可供使用。

通常會在 T0 的地方接上熱敏電阻、在 D10 的地方接上加熱電阻，但如果參考 Ramps 1.4 的接線圖，會發現其實能再多加上一組接線位置，如 T2 以及 D9，本專題中會將這些位置都用上。

2. 安裝馬達驅動板

在確認自己的擴充板是 Ramps 1.4 後，即可在 E1 孔位上接上自己的 4988 步進馬達驅動板。需注意 4988 步進馬達驅動板上面可變電阻的方向需與其他步進馬達驅動板的方向相同。

完成馬達驅動板安裝後，我將原先為近端輸出的擠出機構換成遠端輸出，因為近端輸出的方式會造成 X 軸上的馬達與光軸承載較大的重量與阻力，為了加上另外一組的擠出機構，在此更換成遠端輸出的方式以減少 X 軸上的負擔。為了讓機構使用時間更久，我使用的是網路上賣的金屬

趙珩宇
師大科技所研究生，主攻科技教育，喜愛參與 Maker 社群活動，希望將自造社群的美好以及活力帶給大家。

時間：
2天
成本：
3,000新臺幣
（印表機不計）

材料
- » 一臺多的 3D 印表機
- » 42 型步進馬達 (1)
- » 擠出機 (1)
- » 噴頭 (1)
- » 加熱鋁塊 (1)
- » 熱敏電阻 (1)
- » 加熱電阻 (1)
- » 4988 步進馬達驅動板 (1)

工具
- » 尖嘴鉗
- » 六角起子：2.5、3 號。
- » 一字起子
- » 斜口鉗
- » 電腦

MK8 擠出機，並搭配兩組 E3D V6 加熱組件。

另外需要注意的是兩個噴頭的高度需要在同一水平，我先將噴頭加熱然後鎖緊在加熱鋁塊上。這裡所使用的材料是 PLA，它的列印溫度會在攝氏 170 ～ 210 度，因此將其加熱到 230 ～ 240 度鎖緊後降溫，以確保後續在列印的時噴頭不會脱落。當確認噴頭鎖緊後即可將它安裝到 X 軸的承載。您可透過游標卡尺來確認噴頭與 X 軸承載的距離是否相同，然後就能按照一般組裝 3D 印表機的方式完成它（圖 A ）。

3. 軟體與程式設定

要換到雙噴頭時，首先我們要回到 marlin 進行程式設定，讓機器能識別第二顆噴頭的溫度與數值。由於程式設定的內容較為繁瑣，在此不多做贅述，但重要的修改部分如下：

在 configuration.h 中修改以下程式進行修改
```
#define MOTHERBOARD 34
// 設定為 Ramps 1.4 的控制板
#define EXTRUDERS 2
// 設定為雙噴頭（原先數值為 1）
#define TEMP_SENSOR_0 6
#define TEMP_SENSOR_1 6
#define TEMP_SENSOR_2 0
#define TEMP_SENSOR_BED 0
// 讓需要的感測器都啟動，這邊我未使用熱床
```

其餘可以上網取得參考的 marlin，完成後面板上就會出現兩隻噴頭的溫度了（圖 B ）。在軟體設定上，我使用的是 Cura 這套切層軟體。透過 Cura 進行設定，我們需要先測量兩個噴頭安裝後尖端的距離，然後開啟 Cura 中 machine 選項進行設定，將噴頭數量設為 2，在下方 X 軸距離輸入噴頭距離後即可完成。

4. 進行列印測試

一般來説我們會在兩種情況下使用雙噴頭印表機：希望印出兩種顏色或材質的作品；或是透過溶解線材來做出特殊支撐。現在常見的有 HIPS 與 PVA 兩種材質，可讓您做出更多特殊的專題。如果身邊剛好有多的印表機，不妨立即動手來試看看吧（圖 C ）。

123 電子放大鏡

文、攝影：彭大海

在網路上找一款電子顯微鏡，也要好幾千塊臺幣。這麼有趣的科學儀器，有沒有可能自造呢？一般的網路攝影機，結構都是差不多的，都有一個影像感測器，以及一組鏡頭。但是鏡頭通常在出廠時已經與感測器之間調整成一個固定距離了，這將使得網路攝影機的成像對象是坐在電腦前面的玩家，如果要拿來看近一點

的東西，只能得到一片模糊。

既然知道是透鏡的成像原理，那有沒有辦法改裝它讓它可以用來觀察書桌上的微生態圈呢？所幸目前的網路攝影機都是模組化設計，透鏡的安裝也為了出廠校正方便而使用像螺絲一般的螺紋設計，所以我們可以動手來調整看看會發生什麼事。

1. 拆解網路攝影機

準備一個一般的網路攝影機。動手前最好先了解它的技術規格，或是進行非破壞性的觀察。拆解前要先測試這部網路攝影機是否正常運作，畢竟我們是要拿來用的，不是在製作解構主義的藝術品。

2. 動手調整鏡頭

仔細觀察鏡頭的組成，小心地將鏡頭像轉螺絲一樣逆時針轉出來，但是不要轉到掉下來。這裡需要一邊將鏡頭轉出，一邊從軟體觀看效果。軟體基本上就是可以從電腦螢幕看見網路攝影機拍攝內容的軟體都可以。

3. 找到最佳成象距離

將鏡頭對準想要觀看的目標並從軟體觀看效果，以找出最清晰的距離。我這邊使用的軟體是windows10內建的相機軟體。調整到最清晰的位置之後，一個簡單的電子放大鏡就算是完成了。◗

彭大海

擔任研發工程師十年，專長為嵌入式系統與軟硬體整合。大部分時間忙工作，羨慕國外 Maker 可以有那麼多時間做東做西，所以有時候會做做套件自娛。

時間：
30分鐘
成本：
約1,500臺幣

材料
» 現成網路攝影機（1）
» 工具
» 美工刀
» 尖嘴鉗

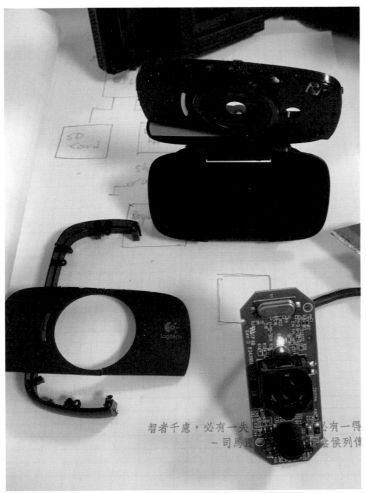

智者千慮，必有一失
必有一得
—司馬遷　　　　秦侯列傳

注意： 隨意拆解會造成保固失效。

James Burke

FAB FACTORY

文：麥特‧史特爾茲　譯：屠廷美

桌上型工廠

讓你了解桌上型數位製造所需的一切知識

這是《MAKE》第四度舉辦3D列印博覽會（3D Printing Shootout），在這四年裡，我們看著3D列印技術逐漸成熟，其他桌上型數位製造工具也開始崛起。因此，今年除了例行的3D印表機評測之外，更加入了CNC銑床、雷射切割機、電腦割字機（vinyl cutters）的測試與評測，準備好了嗎？這是一場桌上型製造技術的革命！

就在幾年前，如果要進行CNC機器評測，選擇很少，不外乎就是DIY的機器或是Maker根本不考慮的高規格的高價產品。不過，現在情況改變了，CNC的能見度愈來愈高，現在已經可以看到各種不同價錢、使用難度和尺寸的機器囉，總而言之，我們終於盼到CNC機器普及化了。

時至今日，桌上型數位製造的相關產品多得讓人眼花撩亂，我們測試評論的目的就是希望可以幫助大家看出端倪！如果你需要屬性更多元的材料或需要更精確地裁切，就可以考慮這些新出的工具！銑床和雕刻機幾乎可以在任何材料上進行直線或曲線裁切，電腦割字機可以製作模板、紙藝專題。更棒的是，這些工具都還有許許多多的可能性等著你發想！不要懷疑，我們對3D印表機的愛永遠不會改變，但有了這些工具，對我們的專題可說是有益無害！

一如以往，我們這次的專題不僅是為老手而設計，也非常值得剛接觸這個領域的新手參考。讓我們來看看這次讓人振奮的桌上型製造機械評測吧！ ◐

測試者群

麥特‧史特爾茲（Matt Stultz）
是《MAKE》雜誌3D列印與數位製造的負責人，同時也是3DPPVD及位於羅德島州的海洋之州Maker磨坊（Ocean State Maker Mill）的創辦人暨負責人。

凱西‧赫爾特格倫（Kacie Hultgren）
在3D列印網路社群中因「可愛小物」聞名，她是一位全方位的設計師，致力於舞臺道具設計。有興趣的話可以去她的推特（@Kacie-Hultgren）看看。

湯姆‧伯頓伍德（Tom Burtonwood）
是芝加哥藝術學院（School of the Art Institute of Chicago）的助理教授，最近，他和芝加哥文化歷史學家提姆‧薩繆爾森（Tim Samuelson）合作，希望可以用3D列印技術做出一本書！

克里斯‧耶埃（Chris Yohe）
白天的身分是軟體工程師，晚上則喜歡改造一些硬體設備，而「數位製造」正是他最愛的事物。我的天啊！不小心又做太多Makey了，救命啊！

馬修‧葛利分（Matthew Griffin）
身兼作者和顧問，主要感興趣的主題包含3D列印、手做電子專題等等，此外他也是《MAKE》雜誌的固定寫手，年度3D列印評論中總是可以見到他的身影。

庫特‧哈默爾（Kurt Hamel）
受的是機械工程本科訓練，目前，他主要的目標是將數位製造與Maker世界的創新精神帶到相對保守的造船業中。

傑森‧洛伊克（Jason Loik）
來自美國羅德島州，是一位具象派雕刻家，目前在玩具產業界服務。此外，他也在麻省藝術與設計學院（Massachusetts College of Art and Design）兼課。

史賓賽‧札瓦斯基（Spencer Zawasky）
不是在波士頓附近做嵌入式系統，大概就是在玩3D列印了！比方說，他就時常出沒在羅德島州波塔基特市的海洋之州Maker磨坊（Ocean State Maker Mill）玩3D列印。

尚恩‧格蘭姆斯（Shawn Grimes）
是數位港灣基金會（Digital Harbor Foundation）科技部門的負責人，主要任務是教導老師或者想學的孩子們科技知識與Maker技能。

珊蒂‧坎貝爾（Chandi Cambell）
自己會做3D印表機，並利用這個美妙的工具來探索仿生結構，她最喜歡也最期盼可以產出許多好點子，並將這些好點子發揚光大！

路易斯‧羅德里奎茲（Luis Rodfiguez）
從2010年就開始接觸數位製造，他在堪薩斯市科學城（Science City，一間科學中心）主持一間Maker工作室（Maker Studio），此外，他也有參與籌備堪薩斯市的Maker Faire。

賈許‧阿吉瑪（Josh Ajima）
是K-12的3D列印專家，同時，他也熱衷於推廣學校內的「自造」活動，他在DesignMakeTeach.com網站上有部落格，時常寫一些與Maker教育或數位製造相關文章。

吉姆‧羅達（Jim Rodda）
在Maker界的花名是Zheng3，他是一位獨立電玩開發工程師，時常在網站（zheng3.com）上發表3D列印、Maker文化、便秘恐龍（constipated dinosaurs）的相關文章。

山繆‧N‧柏尼爾（Samuel N. Bernier）
是法國巴黎設計創新公司le FabShop的創意總監，更是關節可動式Makey的設計者，此外，最近Maker Media替他出版了第一本書《3D列印設計》（暫譯）（Design for 3D Printing）。

克勞蒂雅‧NG（Claudia NG）
是一位3D列印愛好者，開了一間店，專賣3D列印的紗蛙種子，賺到的錢全數捐給地方慈善機構。

瑪德蓮‧史丹利（Madelene Stanley）
是資深的角色扮演玩家（cosplayer），她把興趣變成職業，創立了一間專賣3D列印的服裝配件Etsy商店（一個手工藝品買賣網站），而她現在也在3D Hubs做志工。

熱熔融沉積式印表機
FUSED FILAMENT
FABRICATORS

最新機型評測，幫助你
選擇下一臺3D印表機

文：麥特·史特爾茲　譯：Madison

市面上的桌上型熱熔融沉積式（FDM）3D印表機愈來愈多，所以這一期我們只評測最新版本，包括我們過去從沒測試過的新進品牌，以及既有機種值得重測的最新一代。令人興奮的是，其中有些機臺展現出前所未見的優越測試結果。

機器革命

隨著製造商不斷拓展新的市場，3D印表機早已不再是專業人士或玩家才能使用的機器了。消費性印表機持續在進步，具有金屬質感的射出成型外框取代了過去的木質外框印表機。

封閉系統

另一個值得注意的趨勢是封閉系統——因為特殊規格的線軸或晶片線材匣，讓印表機無法使用其他廠商的材料。整體而言，開源印表機不像過去那麼普遍了，現在許多團隊也都積極想在Kickstarter上亮相，不過今年表現最佳的幾臺機器中還是有開源印表機。

簡單易用

從這幾臺機器的評測過程，我們發現3D印表機開始流行開箱即用，成型平臺表面愈來愈進步，配有自動調整列印平臺功能的機器也愈來愈多——光今年就有6臺。其中5臺採用高溫擠出噴頭，可使用特殊線材，如Taulman Bridge或bronzeFill（見P.53）。

總之，這些新機器已經更上一層樓了，現在就加入3D列印的行列吧！

「Braq」組合飛龍——
thingiverse.com/make:158409
於Betaspring列印。

Hep Svadja

FDM: HOW WE TEST

我們如何測試　以下是我們評比機器效能的科學測試流程

文：凱西·赫爾特格倫　譯：Madison

垂直表面細緻度

水平表面細緻度

尺寸精確度

懸空測試

橋接測試

負空間公差

回抽測試

支撐材料

Z軸共振測試

測試 3 D 印表機是我們最喜歡的活動之一，每年我們都努力讓測試流程更進步且更具體。今年的熱熔融沉積式（Fused Deposition Modeling，FDM；又稱為熔絲製造，fused filament fabrication 或 FFF）印表機評測包括 9 種反映印表機特性的測試項目，涵蓋垂直表面細緻度到回抽測試等。

無偏差的計分方式

為確保計分沒有偏差，今年我們採用匿名評測。整個測試過程中，每個試印品都用一個獨特的 ID 貼紙來追蹤。測試人員列印時，記錄下試印品形式、機器名稱和列印設定。每次列印結束，由測試人員記錄是否成功或錯誤原因。兩種格式間的資料驗證有助於避免輸入錯誤。

每個試印品都會有完整的來源記錄，不會讓評分者看到。測試完畢後，再由評分者評分。這些評分者不會參與任何測試工作，再由小組委員會檢查和確認每個分數，這些分數便可排出受測機器的排名（完整的機器比較請見 P.90）。

噪音測試

我們也進行一些不評分的額外測試，觀察這些機器在使用者列印複雜形狀時表現如何。今年的長時間列印考題是阿波羅號太空人（作者是麥斯·格魯特（Max Grueter））模型，可以看出每臺機器執行長時間列印、無人看守時的表現。我們也用知名的一體成型關節可動式 Makey（作者是測試人員山繆·柏尼爾（Samuel Bernier））模型測試今年的新參數——噪音。為此，我們把機器隔離在一個房間內，並用分貝儀測量列印時的音量。

要用我們的測試項目測試你的機器嗎？到 makezine.com/go/2015-fdmtest-criteria 下載圖檔，取得最新的評分標準，並分享你的結果。◑

TAZ 5

幾乎萬物皆可印的開源印表機

文：史賓賽‧札瓦斯基　譯：Madison

lulzbot.com

製造商
LulzBot

測試時價格
2,200美元

最大成型尺寸
298×275×250mm

列印平臺類型
經PEI表面處理過的加熱玻璃板

線材尺寸
3mm

開放線材
是

溫度控制
有，工具噴頭（最高300°C）

離線列印
有（SD卡）

機上控制
有，LCD螢幕

控制介面／切層軟體
LulzBot版Cura
（仍然完全支援Slic3r）

作業系統
GNU／Linux、Mac、Windows

韌體
LulzBot Taz 5單擠出噴頭版
（以開源的Marlin原始碼為基礎）

開放軟體
是，Respects Your Freedom認證

開放硬體
是，Respects Your Freedom認證

最大分貝
68.4

Available at
Maker Shed

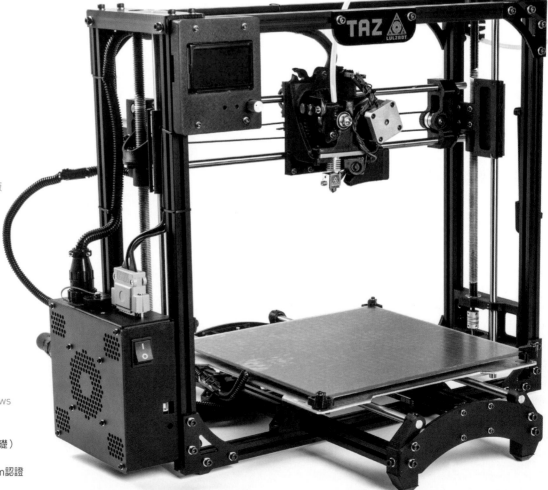

Gunther Kirsch

乍看之下分不出 **Taz 5** 和 **Taz 4** 的差異不是你的問題，不過你如果注意過 LulzBot 這家公司和他們過去一年的耀眼表現，就會發現他們另一臺比較小型的產品 LulzBot Mini（見 P.40）有個新的「六角」全金屬加熱管、一個自我校準平臺、霧面橘褐色聚醚醯亞胺（PEI）列印平臺，並支援 Cura。LulzBot 的旗艦機種 Taz 5 配備其中三個（只差沒有自我校準平臺），評測結果也沒有令人失望。

善用金屬特性

新的加熱組件包括一個額外的出風口，對準喉管。由於是全金屬的，最高可加熱至 300°C（從 240°C 開始），可用的材料非常多元，包括多種尼龍、聚碳酸酯和聚四氟乙烯（PETT）。

目前出廠的 Taz 5 加熱組件搭配 0.50mm 孔徑噴嘴，加大的開口可加厚每層的塑料，充分利用其近 1 立方英尺的列印體積，成型也更快。此外，可減少使用含有黃銅、銅和鋼等粉狀材料的新型線材時的列印壓力。

尼龍？沒問題。準備一些口紅膠，到 lulzbot.com 下載檔案，切層和列印。其韌體甚至包含十幾個內建設定，供不同線材使用，讓使用者可嘗試不同的新材料。

新功能的添加必然犧牲了細緻程度，不過如果你需要的話，仍可取得 0.35mm 噴嘴（其實舊款加熱管也還有在賣）。而且 Taz 5 保留了輕鬆更換噴頭的設計——鬆開一顆螺絲並拔掉一些線就可以了，但可能需要依照你選用的款式更換韌體。

成型效果好且容易取下

PEI 表面摸起來沒什麼特別，有點像酸蝕玻璃表面。但當塑膠接觸到列印表面時，神奇的事便發生了。

建議溫度 110°C 時，ABS 和 HIPS 塑料都能牢牢地附著在 PEI 上，PLA 效果更佳。更驚人的是，當溫度降到室溫後，HIPS 和 ABS 便可馬上取下來。

其他在 PEI 上效果沒那麼好的材料，像尼龍，可以用口紅膠幫忙。Taz 5 的說明書中提供材料和溫度（噴嘴、平臺和移除）的對照表，以及是否需要使用口紅膠。

Cura 治百病

現在的 Taz 5（以及 Taz 4）和 Mini 一樣支援 Cura，LulzBot 提供自家版本的 Cura，但並不是非用不可。我們用預設設定進行測試，其切片速度非常快。LulzBot 每臺印表機和可接受的列印材料都有六種模式（細緻、中等、快速，分別可選擇使用 0.5mm 噴嘴或 0.35mm 噴嘴），此外還有完整的 Slic3r 設定。

LulzBot 的說明文件還加上完整的 Cura 介紹，以及多種列印材料的支援資訊。

結論

本來以為 Taz 4 已沒有什麼進步空間，但是 Taz 5 卻用新的加熱組件、耐用的熱附著成型平臺表面和豐富易用的軟體選項做到了。更棒的是，Taz 5 透過降級反而做出更成功的設計。有些人覺得沒有自動平臺校準很可惜，但也有些人覺得那只是噱頭。Taz 5 是個值得升級的新機型，而且仍然堅持開放原始碼，對任何挑戰者來說都是可敬的對手。✪

當塑膠碰上列印表面時，神奇的事情就發生了。

專業建議

請耐性等候列印平臺冷卻，剛出爐的列印成品，在平臺冷卻後比高溫時更容易取下。

購買理由

你想要有能印出出色的大型作品，以及萬物皆可印且不斷升級的印表機嗎？Taz 5 是你最佳的選擇。新的全金屬加熱管加上加熱平臺，可以用任何線材進行列印。Taz 5 開放一切原始碼，因此當 LulzBot 或社群有更新時，你都可以選用。

試印結果

PRINTRBOT
Available at
Maker Shed
PLAY

兼具
高品質與
低成本的
絕佳入門機

文：湯姆・伯頓伍德　譯：Madison

printrbot.com

製造商
Printrbot

測試時價格
399美元

最大成型尺寸
100×100×130mm

列印平臺類型
未加熱鋁板

線材尺寸
1.75mm

開放線材
是

溫度控制
無

離線列印
有（SD卡）

機上控制
無

控制介面／切層軟體
Cura

作業系統
Linux、Mac、Windows

韌體
Marlin

開放軟體
是，Cura/CuraEngine：AGPLv3

開放硬體
是，姓名標示一相同方式分享

最大分貝
82.3

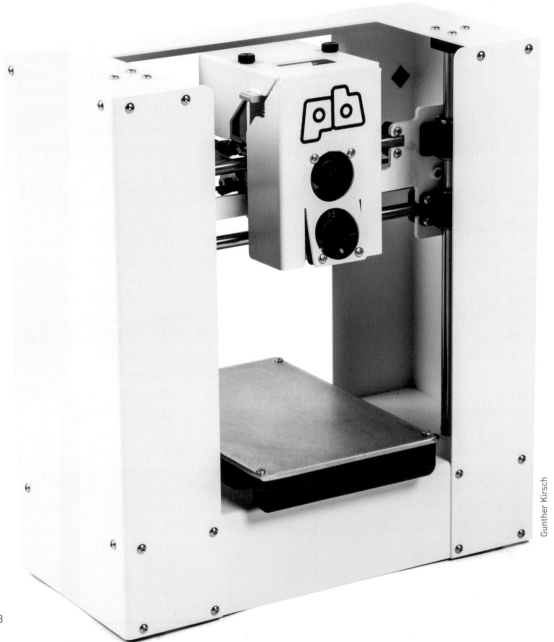

Gunther Kirsch

布魯克・莊姆（Brook Drumm）和 Printrbot 是許多 Maker 和硬體駭客的啟蒙導師。 他們公司的信條完美結合了極簡主義和叛逆，因此從中生出許多創新、發人深省的作品。Printrbot Play 從列印品質、速度和外觀造型規格而言，都是一臺優秀的 3D 印表機。雖然明顯是針對目標是年輕 Maker 和他們的老師，主要為教學活動所設計，但仍然很適合預算有限者做為入門機。

穩重但不笨重

雖然和今年稍早發表的金屬 Plus 有許多相似之處，Play 似乎是 Printrbot 第一臺金屬結構的 3D 印表機。以粉末塗層鋁和鋼為結構的 Play 相當堅固穩重，但不至於太重。外框底部採開放式，容易拿取馬達和電路板，另有四個橡膠墊讓 Play 不會在桌面上滑動，但 Simple 就有這個問題。

其他改善處包括更容易拿取的 microSD 插槽和固定於頂端的線材支架，保持整臺機器的體積小巧。不過，幾乎和目前所有 Printrbot 印表機一樣，Play 也沒有開關。雖然這不是什麼重要的點，但希望未來的機型可以加上去。

小巧的列印體積

加熱組件和噴嘴就藏在擠出機和風扇的蓋子後方，金屬外框具有保護的作用，把好奇的手指擋在眾多旋轉、高溫和移動部件的外面。相反的，如果需要更換 X 軸步進馬達，就必須要把整個框架拆開，才能看到鎖住馬達的螺絲。

Printrbot Play 的列印體積不大莫約 4"×4"×5"，適合學校作業和製作小尺寸的原型，但不適合中型以上的作品。雖然是個金屬盒子，Play 的重量卻出乎意料的輕，很適合帶出門，用於現場列印展示活動。

> # Printrbot 已經發展出他們的商業模式，讓產品能夠維持低價格與高品質。

Printrbot 已開發出商業模組，藉此確保他們的產品保有高品質但仍價格低廉。

快速、高品質的列印

雖然看起來好像慢吞吞的，Play 其實相當靈活——列印速度快卻沒有犧牲品質。X 和 Y 軸沒有回音或共振的現象，使其 XY 測項表現遠超過其他印表機。水平測項表現也不錯，只有球形頂端有個小瑕疵。懸空和橋接測試都有些塑料下垂的問題。使用者最好自行列印風扇導管，或者是試著旋轉模型與改變模型的放置方式，以利風扇冷卻效果提高。除列印品質、速度和外觀造型規格外，我們也測試了每臺印表機運作時的音量。Play 是我們測試過最大聲的機臺之一，但這種運作聲並不特別惱人。

結論

和先前的 Simple 和 Plus 一樣，Printrbot Play 是一臺平價且可靠的印表機，適合教育者和入門者使用。雖然在噪音和直接冷卻方面表現不是特別理想，列印品質和其他貴上許多的機臺比起來相當出色。Printrbot 美國製造的商業模式讓產品價格低廉但品質高，而他們也不斷寫下創新、實用的新典範。◗

機器評比

	0	1	2	3	4	5
垂直表面精緻度						
水平表面精緻度						
尺寸精確度						
懸空測試						
橋接測試						
負空間公差						
回抽測試						
支撐材料						
Z字搖晃						

總分 # 28

專業建議

試著改變模型在列印平臺上的擺放位置，讓細節處和懸空處吹到更多風量。

考慮列印自己的風扇管，改善導流，讓風吹到需要的地方。

購買理由

Printrbot Play 適合任何預算有限且想要入門款 **3D 印表機**的人。

試印結果

ULTIMAKER 2 EXTENDED與 ULTIMAKER 2 GO

它們就像是 ULTIMAKER 2的進化版

Available at
Maker Shed

文：庫特・哈默爾　譯：Madison

ultimaker.com

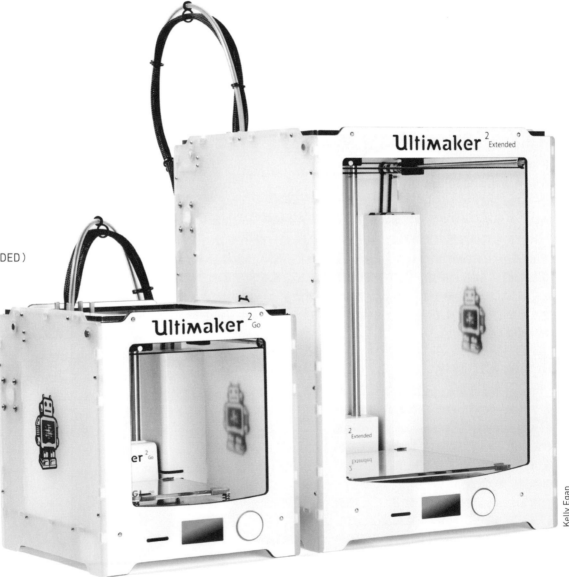

Kelly Egan

製造商　Ultimaker

測試時價格
$2,788（EXTENDED）
$1,335（GO）美元

最大成型尺寸
223 × 223×305mm（EXTENDED）
120×120×115mm（GO）

列印平臺類型
加熱玻璃（EXTENDED）
未加熱玻璃板（GO）

線材尺寸　3mm

開放線材　是

溫度控制
有，工具噴頭（最高260°C）

離線列印
有，SD卡讀卡機

機上控制
顯示螢幕和控制輪

控制介面／切層軟體
Cura

作業系統
Mac、Windows

韌體
Marlin

開放軟體
CuraEngine，AGPLv3授權

開放硬體
是，姓名標示－非商業性授權

最大分貝
77.5（EXTENDED）
75.2（GO）

乍看之下，ULTIMAKER 2 EXTENDED 似乎就是大一點又貴一點的 Ultimaker 2，相對地 Ultimaker 2 Go 就是小一點的便宜版本。這樣說也沒錯啦，還有一個小而省的差異：Go 沒有加熱列印平臺。

一起「Go」！

兩臺的設定都很容易；只要一張簡單且幾乎用不太到的快速設定指南，兩分鐘內就可開好機。顯示螢幕指引我順利安裝材料和調整列印平臺（手動）。一張預先裝好的 4GB SD 卡讓我開箱幾分鐘後就能開始列印。目前為止我唯一的碎念是 Extended 上僵硬的選擇滾輪（Go 的好滾多了），還是說這設計巧思就是要用力地滾下去？

Cura 可能是我用過最簡單快速的切層軟體，沒什麼好著墨的。雖然都由 Cura 進行大部分的控制，但機器仍須做某些設定，如溫度。最好能在切層軟體上完成所有設定，就不需要在機器上調整。

微調

測試時，Extended 列印沒有問題，而 Go 有時會發生擠出異常，導致部分試印品有孔隙。Go 的擠出器擠出的線材似乎超過加熱管所能裝填的量，造成傳動齒輪滑動。其發生原因仍不明，因為 Extended 也裝有相同部件，卻沒有發生這個問題。還好，在測試時並沒有出現這樣的問題。

改變給料速度和溫度設定可以解決這個問題，但必須要調整出廠設定才能達到最佳列印效果，這讓我有些失望，因為新手可能不知道怎樣才是最佳設定。

儘管如此，兩臺機器在我沒有插手的情況下，試印結果都不錯。

如果你也想透過複製現有產品來提高生產效能，你或許會想要複製這款擄獲眾人芳心的產品。

值得保存的包裝

當我在開箱這兩臺機器時感到很驚訝，因為我以為箱子內會看到廉價、碎屑滿天飛的泡棉墊，結果卻是兩大塊可再利用的高級泡棉固定印表機，再加上堅固的尼龍帶束緊，方便讓你提著移動。Go 的泡棉盒尤其華麗，看起來甚至可當作印表機架。

結論

Ultimaker 2 獲得諸多我無法反駁的好評——它的確是臺頂級的 3D 印表機，列印結果也很出色。Extended 和 Go 在表現上雖然有些許差異，但如果你喜歡 Ultimaker 2，你一定也會喜歡 Extended 和 Go。這些機器適合任何買得起的人——包括 Maker、藝術家、教師、學生和工程師。

Ultimaker 推出三臺幾乎相同、只有尺寸和價格不同的機器，而非不同列印體積搭配不同功能。這是好事，因為消費者會比較容易選擇。此外，三臺機器彼此相容，比較好買零件和獲得支援。例如，我從網路上找到的 Go 的建議設定，也能用在 Extended 上。所以如果你要以複製的方式擴張產品線，最好複製評價最好的那臺。 ◐

> 如果你想藉由複製既有商品來拓展你的生產線，你也會希望複製它的好名聲。

試印結果

ULTIMAKER 2 EXTENDED

ULTIMAKER 2 GO

LULZBOT MINI

小巧的機身和自動校準平臺，不管是入門者或專家都適用

文：吉姆·羅達　譯：Madison

這臺小巧工業風的3D印表機適合任何工作室、教室或Maker工作坊，由霧面黑色金屬板設計而成的穩固金屬外框。其內部線路都經過妥善地收納規劃，但不至於藏到讓使用者碰不到。

LulzBot版Cura的原始設定，能以合理的速度印出漂亮實用的列印品，若你是進階使用者則可以試試專家設定。

自動列印平臺校準

每個曾花整個下午轉螺絲並試圖校準列印平臺的人，都會喜歡LulzBot Mini的自動平臺校準功能。它的平臺本身不會移動，藉由噴嘴輕碰平臺的四個角來進行虛擬校正。

Mini在進行每道測試項目之間都不需人工調整或重新校準，測試期間沒有發生當機、堵塞或其他錯誤。列印時，列印品更能快速附著於加熱列印平臺，冷卻後也很容易取下。

HIPS 線材差強人意

LulzBot出貨搭配HIPS線材，但兩臺LulzBot機臺用HIPS測試時都發生不尋常的問題；換成PLA後，Mini的列印成果大躍進，整體分數從22增加到32。

但Mini並沒有Wi-Fi或SD卡槽，必須用USB連接電腦才能使用，這對可攜式裝置的定義來說有些奇怪，此外，Mini沒有任何外部顯示器可顯示列印進度或錯誤碼。

結論

雖有少數瑕疵，LulzBot Mini非常適合高中和大學的STEM實驗室、Maker工作坊、地下室科學家或任何注重穩固、可靠、可攜且價格合理的使用者。它也是首次接觸3D列印者的好選擇，更是專業使用者的小幫手。⬤

如果你已經接觸了好一陣子的3D列印，這套自動校準系統會是你看過最特別的一組。

機器評比	0	1	2	3	4	5
垂直表面精緻度						
水平表面精緻度						
尺寸精確度						
懸空測試						
橋接測試						
負空間公差						
回抽測試						
支撐材料						
Z軸共振測試						

總分 32

製造商　LulzBot
測試時價格　1,350美元
最大成型尺寸　152×158mm
列印平臺類型
加熱玻璃板加上PEI表面
線材尺寸　3mm
開放線材　是
溫度控制
有，工具噴頭（最高300°C）
離線列印　無
機上控制　無，僅電源開關。
控制介面／切層軟體
LulzBot版本Cura
作業系統
Debian、Mac、Windows
韌體　Open、Marlin
開放軟體
是，LulzBot版本Cura衍伸自開源Cura
開放硬體
是，GPLv3和/或姓名標示－相同方式分享4.0
最大分貝　86

lulzbot.com

專業建議

需要長時間列印時，需準備一臺Mini專用的PC、平板或Raspberry Pi，不建議用你的主要工作站進行多工列印。

等列印品冷卻再取下，冷卻後的列印品可輕易地從平臺上取下。

購買時，順手加購一卷3mm PLA線材，因為LulzBot Mini只附贈少量的HIPS樣品。

購買理由

LulzBot Mini簡單易用，附有清楚完整的說明書，還能穩定地印出高品質的成品，價格又合理。適合首次接觸3D列印者使用，更是專業使用者的小幫手，適合Maker工作坊和高中或大學的STEM實驗室。

Gunther Kirsch

試印結果

為什麼這麼多人選擇使用 UP 3D印表機

容易操作：只要載入圖檔，按下列印。自動執行最佳化列印。

穩定度高：全國性的3D列印比賽，為避免列印失敗，七成以

上的參賽者帶著UP! 3D印表機現場列印。

滿足您不同的需求，您需要一台 UP! 3D印表機！

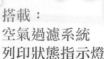

搭載：
空氣過濾系統
列印狀態指示燈

UP! BOX

突破業界ABS最大成型面積
255(L)×205(D)×205(H)mm

3mm的圓柱與圓孔緊密接合。

BJD娃娃

優異的外觀表現
直接列印，就可以得到細緻光滑的
外觀，（表面不起疙瘩不牽絲），
不需花費冗長的時間處理後製。

自製仿生獸

精細的物件組合能力
直接列印出微小的機械關節，組裝，
完美呈現您的設計與創意。

內部結構件

支撐材容易拆除
想印內部結構件又怕支撐拆不
掉，陷入無限的後製打磨地獄？
UP!特有的支撐成型方式，讓您
徒手就可將支撐拆淨不留痕。

列印 8 公尺的遊輪

機械誤差自動修正功能
使用6000多片3D列印物件拼接，每一片的
尺寸都需要很精準，否則無法順利組裝。

剛列印完成有許多支撐 ▶ 支撐拆一半 ▶ 拆完支撐完美不留痕

台灣總代理
UP!3D Printer

國航科技有限公司
http://www.idea-diy.com/

TEL:03-538-6405
FAX:03-539-6713

ZORTRAX M200

Available at
Maker Shed

擁有高列印品質的高質感機器

文：史賓賽・札瓦斯基　譯：屠建明

這是一臺為列印而非微調而生的印表機，而且它的列印品質也真的相當出色。雖然在回抽和橋接方面還有進步空間，不過表現已經算很好了，而且其表面品質和無Z軸搖擺的情況都很有可看性。

視覺上，它看起來結實又有個性：平滑的黑色框架搭配藍色冷光顯示器，呼應內部的淡色壓克力面板與和緩的白色照明。簡而言之，外觀很流線。

有好有壞的簡約

它的韌體和軟體架構非常簡潔，再配上其明亮、易讀但功能不多的顯示器，而其中的子選項更是少之又少，所以它只做該做的事，沒有其他不必要的功能。

M200只能搭配Z-Suite軟體，而Z-Suite軟體沒有Zortrax的產品序號就無法下載，也無法安裝。

嚴格說起來，這款專屬軟體所提供的設定只適用Zortrax的線材。

奇怪，但必要

洞洞板成型平臺雖然用木夾和磁鐵固定在Z軸平臺上，但它仍是可拆式的。電線皆採兩芯線，同時控制加熱與溫度的感測。

雖然這些接點很適合拆裝，但它們對於結構嚴謹的Zortrax而言似乎不是好事，因為每次必須等平臺冷卻（或使用隔熱手套）、關機、拔除電源後，才能移除平臺並取下列印成品。

Z-Suite軟體總是會印出一個黏著在表面的底座。要從平臺上取下這個底座需要用到金屬刀片和巧勁。不過Zortrax很貼心地替我們準備這類的工具，還有其他十餘種好用的配件，從工作手套到清理噴嘴的小鑽頭都有。

結論

在一次次的列印中，M200帶來穩定的優良列印品質。如果你想要有好的列印品質又願意多花些錢買外觀，並可以忽略小缺陷，而且對升級和改造沒興趣，還很樂意跟製造商購買線材，M200就是最適合你的。 ◗

簡而言之，
外觀很流線。

機器評比

	0	1	2	3	4	5
垂直表面精緻度						
水平表面精緻度						
尺寸精確度						
懸空測試						
橋接測試						
負空間公差						
回抽測試						
支撐材料						
Z軸共振測試						

總分 **34**

製造商　Zortrax
測試時價格　2,000美元
最大成型尺寸　200×200×180mm
列印平臺類型
加熱PCB洞洞板
線材尺寸　1.75mm
開放線材　無（專屬切層軟體僅支援原廠線材）
溫度控制
無
離線列印　有（SD卡）
機上控制　有
控制介面／切層軟體
Z-Suite（供應商專屬，需產品序號）
作業系統
Mac（需Mono SDK）、Windows
韌體　不開放
開放軟體
無
開放硬體
無
最大分貝　64.5

zortrax.com

專業建議

因為等待列印臺冷卻到可以取下列印品需花上一些時間，比較心急的使用者可以準備隔熱手套。它的韌體沒有「取消」的功能，所以可以直接關閉電源沒問題。

購買理由

雖然M200的價格較高，但可以直接印出高品質的成品，而不需慢慢微調機器。

Gunther Kirsch

試印結果

3dprinter.dremel.com

Gunther Kirsch

機器評比	0	1	2	3	4	5
垂直表面精緻度						
水平表面精緻度						
尺寸精確度						
懸空測試						
橋接測試						
負空間公差						
回抽測試						
支撐材料						
Z軸共振測試						

總分 28

製造商　Dremel
測試時價格　999美元
最大成型尺寸　230×150×140mm
列印平臺類型
未加熱壓克力板與BuildTak貼紙
線材尺寸　1.75mm
開放線材　無(會使保固失效)
溫度控制
工具頭有(最高溫230°C)
離線列印　有(SD卡及觸控螢幕控制)
機上控制　有
控制介面/切層軟體
Dremel3D
作業系統
Mac、Ubuntu、Windows
韌體　不開放
開放軟體
無
開放硬體
無
最大分貝　80.4

專業建議

支援**Autodesk Meshmixer**(附有**Idea Builder**設定檔),亦可使用**Simplify3D**。遺失校準卡時,可用間隙量測器取代。列印臺的螺絲需要鎖緊,直到噴嘴能與校準卡相互摩擦的程度;但也不能太緊,才不會影響活動。

購買理由

這臺外殼完全封閉的印表機容易使用又可靠,更有良好的列印品質。具有操作簡單的軟體、觸控螢幕介面和保固,對於初學者和對研究硬體較無興趣的使用者而言,算是相當划算。

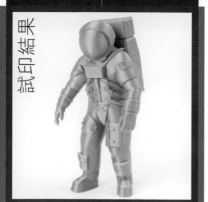

3D IDEA BUILDER

Available at
Maker Shed

基礎、可靠又有保固的印表機

文:尚恩・格蘭姆斯　譯:屠建明

這臺具有封閉式外殼,而且容易使用的可靠印表機,具有潛力把3D列印推廣到早期使用者以外的群眾。雖然它的保固和封閉式設計讓限制性比較高,但Idea Builder(或稱3D20)還是能提供高品質的列印。

簡單的智慧

這款印表機附有兩片Dremel專屬的BuildTak貼紙(防止成品黏在列印平臺上)、校準卡、塑膠刮刀和噴嘴清潔工具。只要依照他們簡單的教學影片操作,大約30分鐘後就可以開始列印了。

從新增的BuildTak和校準卡可以看出Dremel正在打造一種全面性的生態系統,校準卡雖然看似簡單,但可以讓使用者不須煩惱手動校準時要用哪一種紙。

軟體缺陷與專屬線材

Dremel 3D軟體容易使用,但缺乏一些基本的功能;最明顯的就是新增支撐材料的功能。Dremel希望你用Autodesk Meshmixer來執行這個功能,但它對3D列印初學者而言可能是個挑戰。缺乏這個功能可能來自他們以Slic3r v1.0.1做為基礎切層軟體;這個軟體版本在新增容易移除的支撐材料方面有些問題,幸好這個軟體問題在未來的更新中可以獲得解決。

Dremel也要求使用他們的專屬線材。這我能理解,因為他們為機器提供了保固,所以希望使用者不要使用不合規格的線材。但線材只有10種顏色,而且多數是半透明的,選擇真的很有限。此外,0.5kg要價30美元的價位也會讓製造的成本提高。

結論

Idea Builder會吸引的是需要列印穩定、使用容易與品質良好的印表機使用者,附帶的保固可能會讓學校等單位很感興趣。

Dremel
正在打造全面
性的生態系統

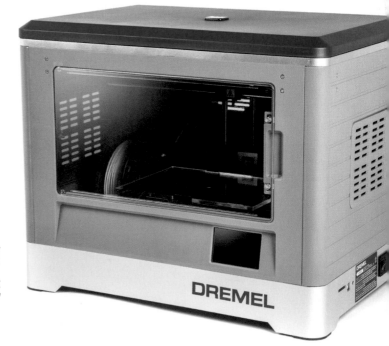

PRINTRBOT SIMPLE

這臺紮實的機器容易使用、可靠且價格低廉

文：山繆·N·柏尼爾　譯：屠建明

機器評比	0 1 2 3 4 5
垂直表面精緻度	
水平表面精緻度	
尺寸精確度	
懸空測試	
橋接測試	
負空間公差	
回抽測試	
支撐材料	
Z軸共振測試	

總分 **28**

製造商　Printrbot
測試時價格　599美元
最大成型尺寸　150×150×150mm
列印平臺類型
未加熱鋁平板（提供150美元加熱升級）
線材尺寸　1.75mm
開放線材　有
溫度控制
成型平臺可控制溫度，最高溫80℃
離線列印　有（MicroSD卡）
機上控制　無，但提供LCD擴充
控制介面／切層軟體
Cura與Pronterface UI
作業系統
Linux、Mac、Windows
韌體　Marlin
開放軟體
Cura/CuraEngine：AGPLv3
開放硬體
輔助設計檔案：CC BY-NC-SA 3.0
最大分貝　79.1

printrbot.com

從2011年的Kickstarter募資開始，Printrbot的演進一直讓人興奮，因為他們提供的是價格實惠又容易使用的3D印表機套件。如同其他品牌，他們在早期使用雷射切割木材，之後才轉為採用更耐用且擴充性更高的金屬。同時，他們仍持續提供低價和高品質，從這款Simple就能看出來。

新噴頭、Z軸校準工具

Simple有幾項新穎的升級，例如新設計的鋁製噴頭提升平衡度也使裝載線材更容易，讓印出的成品能有小的公差，同時使擠出的線材更具彈性。金屬材質的列印平臺也升級為較厚、無上漆的鋁製版本，並附有方便拿取的孔。

Z軸校準探針對一臺599美元的印表機而言是個令人驚喜的工具；它讓列印簡化，不需多花時間調整列印平臺。

少即是多

如果你想要加熱列印平臺或LCD介面，就需要另外購買。Simple沒有電源按鈕跟彩色燈光，甚至也沒有Wi-Fi或內部記憶體，但這就是它受歡迎的原因。別忘了，3D印表機是工具，不是玩具，功能愈多就代表出錯的機會愈高。

依建議使用效果好

我們使用Cura搭配Pronterface外掛程式，並匯入至Printrbot網站下載的設定檔，可讓我們馬上開始列印。只要使用Printrbot的線材，運作就很順利。但當我們用其他品牌的PLA時，卻一直遇到堵塞的問題，不過調整溫度和風扇可以改善此問題。

MicroSD卡插槽仍然不好使用，因此多數使用者偏好使用USB孔。

結論

Simple對剛入門的個人3D列印使用者而言是絕佳的選擇，還有很多影片和文章可以參考，而這臺機器修理簡單也可以依需求升級。它是市面上最棒的印表機套件之一，而且只要一個下午就能組裝完成。

專業建議

使用選購的金屬線材支架搭配其他品牌的線材時，須確保噴頭上升時不會影響Z軸。
使用PLA時，可在鋁製列印平臺上貼紙膠帶。建議將線材剪成45度，讓噴頭裝載更容易。

購買理由

Printrbot Simple
不只價格實惠也容易使用，而且參考資料又豐富，最重要的是它運作很順暢。

Printrbot
以Simple
持續提供
低價且
高品質的
印表機

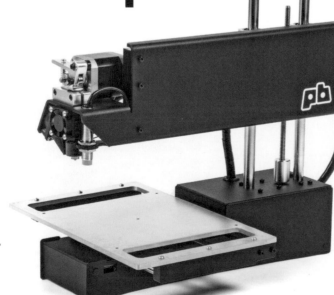

試印結果

Gunther Kirsch

機器評比

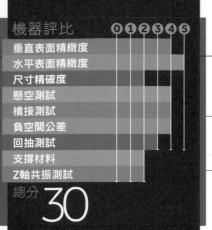

0 1 2 3 4 5
垂直表面精緻度
水平表面精緻度
尺寸精確度
懸空測試
橋接測試
負空間公差
回抽測試
支撐材料
Z軸共振測試

總分 **30**

製造商 Deezmaker
測試時價格 849美元（限量版999美元）
最大成型尺寸 125×150×125mm
列印平臺類型
未加熱壓克力板
線材尺寸 1.75mm
開放線材 有
溫度控制
工具頭有（最高溫度295°C）
離線列印 有（SD卡）
機上控制 有（SD卡自動啟動、手動重設）
控制介面／切層軟體
Repetier（主機）、Cura（切層）
作業系統
Linux、Mac、Windows
韌體 開放，自訂 Azteeg x2D韌體
開放軟體
有，Cura AGPLv3（切層）
無Repetier（主機）為封閉原始
開放硬體
無
最大分貝 56

專業建議

上網搜尋最新的設定資訊，再把你喜歡（或現有的）列印檔以「auto0.g」的檔名放進SD卡並按下重設，如此一來機器便會自動列印，而電腦就空下來可以進行其他工作了。
花時間仔細校準列印平臺，之後就能穩定列印。

購買理由

它的小體積、可攜性和開放式設計的結合帶來超出預期的成果，當然價格也比預期稍微高了一些。

Gunther Kirsch

試印結果

BUKITO

這臺小而強的印表機可以在飛機、火車及汽車上使用

文：克里斯・耶埃　譯：屠建明

如果從它的體積來看，可能會以為這款小型印表機只是列印品質不怎麼樣的迷你機，這樣想就錯了！Bukito在所有的測試項目中都表現良好，而且可攜性似乎跟Deezmaker所宣稱的一樣好，最主要的缺點是成型尺寸偏小。

小而強的印表機

它第一個讓人注意到的特點獨特的外觀：展開的懸臂、軌道和機械元件，以及部分用雷射切割和雕刻外殼包覆的步進馬達與電子元件。以同步變速驅動系統取代標準的皮帶設計，噴頭則有保護用的金屬外殼。使用者只要直接接上電源接頭，便可啟動印表機，列印出整套預設的旋轉齒輪，這真是個驚喜。

帶著走

我們沒有足夠的時間來完整測試它最廣為人知的特色之一：可攜性。但在列印過程中移動這臺印表機，都沒有列印不良的情況發生，而它的耐用性也讓我們認為輕微的晃動不會明顯影響列印的品質。

根據製造商的資訊，這臺印表機能夠在多種環境下順利運作，使用的電源只需要12V/5Amp，讓它能夠在飛機、火車、汽車，甚至是無人飛行器上列印（請自行判斷場地合適性。）

結論

這臺不起眼的小巧、可攜式印表機能提供傑出的列印品質，雖然沒有專業消費性產品常見的立方體亮麗外觀，但其獨特外觀和大膽的設計為它增添另一股韻味。

BUKOBOT

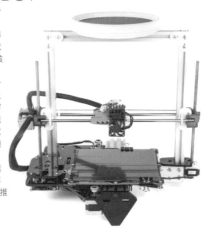

除了Bukito，我們還體驗了尚未完全準備好的下一代Bukobot，該Bukobot的團隊正努力升級硬體，而且還有很多厲害的功能要放進這臺採開放式設計的印表機中，再和我們一起密切注意明年Deezmaker推出的產品吧！

DA VINCI 1.0 JR.

為不需要高品質列印的使用者所設計的入門機

文：傑森‧洛伊克　譯：屠建明

機器評比　　0 1 2 3 4 5

垂直表面精緻度
水平表面精緻度
尺寸精確度
懸空測試
橋接測試
負空間公差
回抽測試
支撐材料
Z軸共振測試

總分　24

製造商　XYZprinting
測試時價格　349美元
最大成型尺寸　150×150×150mm
列印平臺類型
未加熱玻璃板與特製膠帶
線材尺寸　1.75mm
開放線材　無（晶片控制）
溫度控制
無
離線列印　有（SD卡）
機上控制　有
控制介面／切層軟體
XYZware
作業系統
Mac、Windows
韌體　封閉
開放軟體
無
開放硬體
無
最大分貝　61.9

us.xyzprinting.com

Da Vinci 1.0 Jr. 是 XYZ 系列產品中最便宜的，同時也是今年測試的機型中最便宜的。操作簡單的軟體、包覆式外殼和線上社群只要350美元就能買到。

Da Vinci Jr. 整體而言是一臺容易使用的印表機，它不需要校準麻煩的列印平臺，而且各軸的成型尺寸皆為5.9"。然而，它所使用的專屬晶片線材會使成本提高，而在更換線材時會有點複雜。但還是有美中不足的地方，比方說它若能附送3D列印入門的手冊、DVD、USB隨身碟與參考做法，或是任何資訊來幫助初學者避開這門精細領域常見的錯誤，那就更好了。

品質問題

好消息是它只要350美元，但壞消息就是它只有350美元的列印品質。其列印成果令人不太滿意。其中一個瓶頸在於：我們的測試人員都無法使用它完成跨夜的太空人模型列印；每次執行時都只得到一盤義大利麵（如右下圖）。它的硬體元件組合很有趣，甚至看起來像是噴墨印表機的零件，但內部零件看起來還算穩固，所以列印品質低落的原因可能在於軟體。

雖然易使用，但它的切層速度比 Cura 慢，而且只要模型不完美，切層就會出問題，因此希望 XYZ 之後會釋出更新。

結論

Da Vinci Jr. 的設計是為了在店面展示時看起來光鮮亮麗，吸引剛發現3D列印可以這麼平價的家長。這款印表機只適合偶爾會列印新奇玩意，而且對品質的需求不高的使用者，另外，請務必考量到它那高價的晶片線材長期累積下來的花費。

> 好消息是它只要350美元，壞消息就是它只有350美元的列印品質。

專業建議

這款印表機只附有專屬線材支架，但新的線材卻沒有附備用支架。請務必訂購額外的線材支架，可替每次換不同顏色線材時省去不少麻煩。

購買理由

Da Vinci Jr. 的安全性非常高，適合有小孩的家庭使用，讓**3D**印表機成為衝動購買的選項之一。

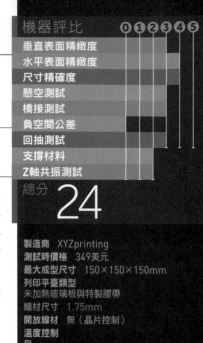

Matt Stultz

試印結果

機器評比

	0	1	2	3	4	5
垂直表面精緻度						
水平表面精緻度						
尺寸精確度						
懸空測試						
橋接測試						
負空間公差						
回抽測試						
支撐材料						
Z軸共振測試						

總分
33

製造商　SeeMeCNC
測試時價格　999美元
最大成型尺寸　280mm直徑×375mm
列印平臺類型
加熱玻璃板
線材尺寸　1.75mm
開放線材　有
溫度控制
工具頭有（最高溫度240°C）
離線列印　有（SD卡）
機上控制　有：旋鈕及LCD
控制介面／切層軟體
MatterControl
作業系統
Linux、Mac、Windows
韌體　Repetier
開放軟體
有
開放硬體
有
最大分貝　61.2

seemecnc.com

專業建議

有幾樣組裝必備的工具沒有包含在套件中，請事先下載使用手冊，如此可以在套件送達前先取得這些工具。組裝時需要焊接，所以要準備一組好用的烙鐵。開始組裝前先詳閱說明書，這樣可助你省下很多時間。

購買理由

具有超大成型尺寸、機上控制與合理價格的**Rostock Max v2**，對需要完整功能**3D印表機**的使用者而言簡直物超所值。

試印結果

ROSTOCK MAX V2

這款功能完整的4吋高印表機套件
很適合有經驗的使用者　文：麥特‧史特爾茲　譯：屠建明

這臺套件印表機讓你不用花大錢就能列印出大型且高品質的成品。Rostock Max v2在我們的測試中得到高分，而且讓願意花時間自行組裝機器的使用者獲得很多功能。但是它可不能放在小房間：這臺機器可是隻4吋高的巨獸。

精彩的滑軌表演

如果你沒看過Delta印表機的運作，那就代表你錯過了3D列印最精彩的畫面之一。Delta印表機運作的原理是在一個線性滑軌上移動三個相同的滑輪。這三個滑輪分別安裝在懸臂上，用來移動搭載加熱噴頭的中央擠出器。Rostock Max v2的射出成型骨架很穩固，不需調整就能提供品質穩定的列印。

控制與運作

內建的控制介面在正面，操作很容易，包含了電源開關和座落在LCD側面方便使用的SD卡插槽，它的選單可以用同時具有按鈕功能的旋鈕輕鬆操作。

鮑登式噴頭有助於減少擠出器的重量，讓Rostock Max v2能在它的大型列印平臺上快速移動。內含的線材裝卸程式碼可以方便處理很長的鮑登管，但也可以透過加入幾行自訂G-code來達成此效果。

高分表現

Rostock Max v2在所有的測試項目都表現良好，更在負空間公差測試中表現突出：它是少數得到5分的機型之一。我們用了8個小時跨夜列印的大型成品很精緻，而且離用盡它的成型尺寸還差得遠。

結論

雖然組裝和校正3D印表機對初學者而言可能有點望之卻步，但Rostock Max v2對需要高且大的成型空間，對有經驗的使用者而言是很棒的選擇。

> 如果你沒看過
> Delta印表機的運作，
> 那就代表你錯過了
> 3D列印最精彩的
> 畫面之一。

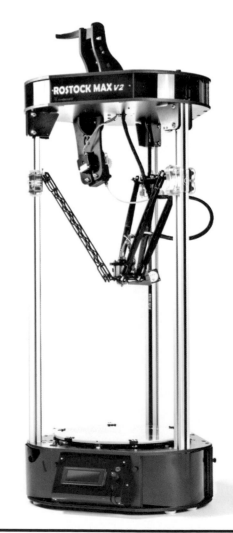

UP BOX

這款充滿專業感的機器提供輕鬆的開箱體驗

文：吉姆・羅達、克里斯・耶埃　譯：屠建明

這款精緻的印表機以功能和價位主攻專業消費者市場。Up Box容易使用、隨附大量耗材，還包含免費終身技術支援。

設置簡單

專屬列印軟體的安裝簡單快速。在初次列印之前，使用者必須調整指旋螺絲，並將Z軸數值輸入列印軟體來完成手動列印平臺校平。還好這個枯燥的過程只需要進行一次；之後印表機的9點自動校準程序會調整列印底座厚度來補償些微的不平。

這款印表機包含HEPA濾網，幾乎完全過濾加熱時ABS的氣味。它工作時非常安靜，在測試過程中，我們還好幾次確認機器到底有沒有持續列印。

一些小問題

列印黏著度或許太強了，用刮刀把列印成品從洞洞板上取下的過程變得很麻煩。以預設設定進行的測試列印成品品質一般，並需要相當的修整和打磨才能完全把列印平臺清乾淨。

它在水平表面處理獲得高分，而在負空間公差上有多次未達測試的平均水準，所以其總分中等。

THE AFINIA H800

H800和Up Box相同，只有配色和軟體的些微差異。H800包含免費Afinia終身技術支援，Afinia之前其他的Up授權印表機在我們的測試中也獲得高分。

軟體套件則讓人覺得複雜粗糙，看得出沒有下功夫在建立順暢的工作流程。它在選取解析度設定時經常當機，但聯繫技術支援後，我們得到變通方法。

結論

Up Box中等的列印品質對於進階設計使用者和3D列印玩家而言會是個缺陷，它偏高的價位也會讓部份消費者卻步，但尋找使用方便且風格能搭配辦公室或工作室的買家可能會覺得划算。

機器評比

	0	1	2	3	4	5
垂直表面精緻度						
水平表面精緻度						
尺寸精確度						
懸空測試						
橋接測試						
負空間公差						
回抽測試						
支撐材料						
Z軸共振測試						

總分 **27**

製造商　3D Printing Systems
測試時價格　1,899美元
最大成型尺寸　255×255×205mm
列印平臺類型
加熱洞洞板
線材尺寸　1.75mm
開放線材　無
溫度控制
工具頭有（最高溫度260ºC）
離線列印　有（開機後拔除USB）
機上控制　有
控制介面／切層軟體
Up切層／列印軟體套件
作業系統
Mac、Windows
韌體　封閉
開放軟體
無
開放硬體
無
最大分貝　67.1

專業建議

把印表機側面的按鈕當作捷徑，用來進行常見的列印工作，例如初始化和列印平臺預熱。務必在兩次列印之間維持列印平臺的溫度，因為它冷卻速度快，而且需要數分鐘來加熱。

購買理由

這款印表機保證帶來輕鬆的開箱列印體驗，更配上充滿時尚專業感的機體。終身技術支援是一大優勢，而且隨附充足的耗材，讓使用者更容易上手。

用刮刀把列印成品從洞洞板上取下的過程很麻煩

試印結果

3dprintingsystems.com

Gunther Kirsch

機器評比	⓪	①	②	③	④	⑤
垂直表面精緻度						
水平表面精緻度						
尺寸精確度						
懸空測試						
橋接測試						
負空間公差						
回抽測試						
支撐材料						
Z軸共振測試						

總分 **32**

製造商　Fusion3 Design
測試時價格
單噴頭3,975美元、雙噴頭4,975美元
最大成型尺寸　306×306×306mm
列印平臺類型
加熱鏡面玻璃板
線材尺寸　1.75mm
開放線材　有
溫度控制
工具頭有（最高溫度300ºC）
離線列印　有（SD卡）
機上控制　有：LCD螢幕與捲動輪
控制介面／切層軟體
Simplify 3D
作業系統
Linux、Mac、Windows
韌體　Marlin
開放軟體
無
開放硬體
無
最大分員　67.3

fusion3design.com

Gunther Kirsch

專業建議

要仔細校準並測試一下列印平臺。**Fusion3**建議在平臺塗口紅膠可幫助列印成品黏著，但衡量成品的黏著和刮傷鏡面的疑慮後，我們發現貼上傳統的藍色紙膠帶做法還更為可靠一些。對旋鈕溫柔一點，因為我們測試的機型旋鈕反應蠻敏銳的。

購買理由

適合想要快速完成大型列印，同時維持品質和可靠度的使用者。

試印結果

FUSION3 F306

這款大又有趣的印表機價格也不同凡響

文：湯姆・伯頓伍德　譯：屠建明

F306是一臺會使3D列印玩家雀躍的美麗作品，具有開放式骨架、明亮的成型區、鏡面列印平臺和尼龍包覆線路。它的列印過程輕鬆又優雅，在測試中也得到高分。雖然並不是採開放式設計，這臺Core XY可說是徹底翻新阿德里安・鮑耶（Adrian Bowyer）的Darwin RepRap印表機的成果。

它設計成擠出器會沿X軸和Y軸移動，而列印平臺會隨著列印過程逐漸下降。

酷炫的工具

這臺印表機優越的組裝品質從細節的用心就看得出來，在F306列為標準配備的E3D主動冷卻全金屬加熱頭為它增添很大優勢，擠出的線材由安裝於上方的另一個風扇冷卻。更考量到刮傷的問題，以鏡面玻璃做為列印平臺材質是個蠻「有趣」的選擇。

它的跨夜列印成果（左下圖）是我們的測試人員最喜歡的部份之一；這個高度270mm的模型耗時11個小時完成。

準備花大錢

我必須承認在看到它的售價時稍微嚇了一跳，它的成型尺寸並沒有比零售不到1,700美元的LulzBot Taz5大多少，而且我也不喜歡校準的過程。對價格和F306差不多的印表機而言，通常都附有自動校準功能，因此Fusion3應該要考慮在未來增加這個功能。

結論

F306列印測試模型的表現非常好。對這種尺寸的印表機而言，它的速度很快，而原廠建議使用的Atomic Filament肉桂紅色線材列印效果也很好，在燈光下看起來很漂亮。身為愈來愈常處理大型列印品的藝術家，我會考慮選購一臺F306。我認為它很適合想要快速完成大型列印，同時又想兼顧品質和可靠度的使用者們。 ✪

列印過程
精彩，而且
使用起來
很有趣。

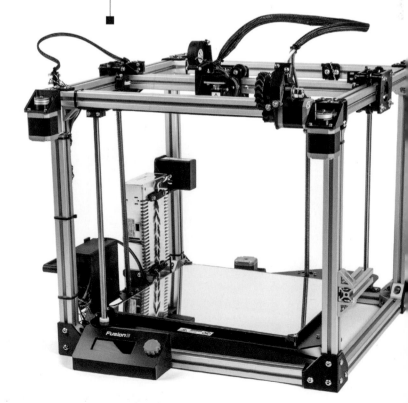

POWERSPEC ULTRA

這臺向MakerBot致敬的作品，便宜又耐操

文：史賓賽・札瓦斯基　譯：孟令函

這臺印表機有著跟MakerBot Replicator 2或2X一樣好的品質保證，兩者外觀相似，而且PowerSpec Ultra 3D採用雙擠出頭、封閉的列印區（包含透明壓克力窗及可移動的上蓋），觸控面板則採方便操作的圖像化介面。封閉的列印區和加熱平臺，讓你也能順利地印製大型ABS樹脂作品。身為中階機種，這臺印表機以合理的價格提供良好的列印品質。

我們曾操作過一臺試作機，只剩韌體上還有一些小問題，不過這在正式生產前都會解決掉，而且這些小問題對印製過程及成品都沒有造成太大的影響。開始印製後，Ultra的運作一切順暢，沒有發生太大的問題。其便利的線上客服也可隨時提供服務，替我們解決問題。

強大的使用者

Ultra因為有了全新的PowerPrint軟體看起來更加亮眼，乍看之下雖然

和MakerWare頗相似，在網站方面PowerPrint提供許多可提升列印便利性的協助，例如自動顯示常用G-code的預覽圖像。儘管機器在列印時有著一定的步調，但這個軟體還是會幫你預算出所需的工作時間。

很明顯的，PowerPrint主要建構在Slic3r上，這就表示其實只要多查些資料，對那些已有足夠3D列印知識的使用者來說，應該就可以直接使用Slic3r，可以享受到更好的結構配置選擇與定期的軟體更新，並不用在第三方韌體上費心了。

結論

考慮到其價格，PowerSpec Ultra 3D穩穩地落在整個評比中的中間位置。具備簡潔、直接的軟體以及幾項高階機種的特色，例如：金屬外框、壓克力上蓋、可連接Wi-Fi，讓它比其他落在評比中間位置的機種更突出，價位更誘人。此外，Ultra可使用多種材料與更專業的軟體，讓這臺機器拓展出更多潛能。◉

> 比其他落在評比中間位置的機種更突出，價位更誘人。

機器評比

	0	1	2	3	4	5
垂直表面精緻度						
水平表面精緻度						
尺寸精確度						
懸空測試						
橋接測試						
負空間公差						
回抽測試						
支撐材料						
Z軸共振測試						

總分 30

製造商　Micro Center
測試時價格　799美元
最大成型尺寸　229×150×150mm
列印平臺類型
加熱塑膠板
線材尺寸　1.75mm
開放線材　開放
溫度控制
噴口溫控（最高300℃）
離線列印　可選擇外接USB或SD卡
機上控制　小型觸控螢幕以及圖像化選單
控制介面／切層軟體
販售商提供PowerPrint.app（主機）；
透過PowerPrint software UI連接Slic3r
（切層）
作業系統
Linux, Mac, Windows
韌體　未開放
開放軟體
未開放，但以G-code輸出
開放硬體
未開放，但接受一般的G-code檔案
最大分貝　68.7

專業建議

PowerPrint軟體就在內附的**SD卡**裡，雖然感覺蠻多餘的，但還是有蠻多人會忽略這件事。降溫風扇在左邊，所以就算軟體預設的擠出頭是右邊的，還是優先使用左邊的擠出頭比較好。

購買理由

這臺印表機不只耐操、品質優良、軟體簡單，而且有著合理的價格，集各種優點於一身。對於想嘗試更多可能的使用者來說，這臺機器是使用更高階軟體及材料的最佳跳板。

microcenter.com

試印結果

Gunther Kirsch

POLAR 3D

文：史賓賽・札瓦斯基　譯：孟令函

機器評比

	0	1	2	3	4	5
垂直表面精緻度						
水平表面精緻度						
尺寸精確度						
懸空測試						
橋接測試						
負空間公差						
回抽測試						
支撐材料						
Z軸共振測試						

總分 13

製造商　Polar 3D
測試時價格
799美元（學生、校園價為599美元）
最大成型尺寸　直徑203mm×152mm
列印平臺類型　未加熱鏡面玻璃板
線材尺寸　1.75mm
開放線材　開放
溫度控制　無
離線列印　有，Polar Cloud線上服務
機上控制　無
控制介面／切層軟體
Polar Cloud，Cura設定
作業系統
Linux、Mac、Windows
韌體　未開放
開放軟體　未開放
開放硬體　未開放
最大分貝　77

這家公司的第一臺印表機使用了可以前後移動的旋轉平臺，以及一個只在Z軸（上下之間）移動的擠出頭。

對於利用極座標系發展出來的印表機，我們期待可以獲得更快且更精準的表現，不過卻得到了超慢的列印速度和低落的品質。旋轉平臺的旋轉速度造成XY軸需要的印刷時間變長，而中心點的印刷速度不斷改變，嚴重影響成品的表面品質。不過我們只用了Polar 3D的出廠設定，或許還有能調整的空間。

出乎預料的硬體設備

安裝在噴嘴後面的廣角鏡頭提供了絕佳的列印監控體驗，但是鏡面列印平臺的選擇就令我們費解了，因為這個平臺在使用時常常會黏住或刮傷。

而Polar Cloud雲端系統則是個聰明的設計，可以用來分享技術支援、討論設計上遇到的困難、3D模型資料庫與分享團隊計劃的網路社群。

結論

機身輕便、價格不貴，而且擺在桌上蠻好看的。🅽

這臺印表機雖然列印速度慢且品質不佳，但未來的潛力無窮

IDEAPRINTER F100

文：瑪德蓮・史丹利　譯：孟令函

機器評比

	0	1	2	3	4	5
垂直表面精緻度						
水平表面精緻度						
尺寸精確度						
懸空測試						
橋接測試						
負空間公差						
回抽測試						
支撐材料						
Z軸共振測試						

總分 19

製造商　Fusion Tech
測試時價格
1,200美元
最大成型尺寸　305×205×175mm
列印平臺類型　未加熱壓克力
線材尺寸　3mm
開放線材　開放
溫度控制　噴口溫控（最高230℃）
離線列印　SD卡
機上控制　液晶螢幕和旋鈕
控制介面／切層軟體
ideaMaker
作業系統
Mac、Windows
韌體　未知
開放軟體　未開放，但接受G-code
開放硬體　未開放
最大分貝　63.4

這款3D印表機可以列印大尺寸成品，價格不貴且操作簡單。 除此之外，印表機本身開放讓使用者進行改造，可以使用本身軟體的設定，或用其他開放程式來寫G-code。

測試結果中等，軟體表現卓越

F100在列印測試中的表現不錯，不過每個成品上都有一些線材附著在外殼上。

印表機的設定都預先在ideaMaker上設定好了，而且它提供的功能比我們預期的要來得多。預設可分為有「細膩」、「標準」、「高速」三種，每種的層高都是0.1mm，但是有不同的填充速度以及密度。

印表機有直覺式的列印平臺高度設定程序，在面板的選單中也有快捷選項，包含了裝入線材的步驟。

結論

雖然從總分上看不出來，但我們其實蠻喜歡F100。這臺印表機結合了高解析度、快速列印、大尺寸列印，雖然在擠出方面有一些小缺點，但製出的成品還是相當不錯，我們很期待看到它的發展。🅽

F100價格不貴，可以列印大尺寸成品

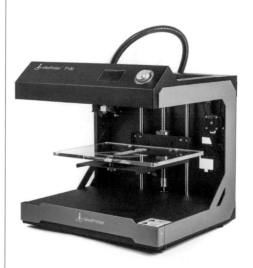

BEEINSCHOOL

文：珊蒂・坎貝爾　譯：孟令函

出色的品牌、列印品質佳，
但看不出來跟教學的關聯在哪

這臺印表機可以持續提供高品質的列印服務。 由 BeeSoft 提供的3D列印切層以及機器校正都很簡單、好用，而且容易上手。BeeInSchool的銷售目標是學生和老師，算是比BeeTheFirst便宜一些的版本，在去年的測試中表現良好。這臺印表機有簡潔的設計、輔助校正功能、機身上還有把手，讓BeeInSchool成為一款可攜帶式的隨插隨用印表機。

擠出頭升級，耗材講究

雖然新款的擠出頭就是為了可使用更多種PLA耗材而設計的，但是在測試時只用了製造商提供的PLA。印製的過程很順暢，但是裝入耗材時稍嫌麻煩，還不能把它弄彎、弄斷；即使有加熱擠出頭以及軟體維護的幫忙，卸下耗材時也遇到一些困難。此外，有些不鏽鋼零件還生鏽了。

結論

測試的列印評分結果很高，如果不看耗材的問題，算是臺堅固耐用的印表機，不過還是不清楚為什麼這項產品算是教學用的機型。

機器評比　0 1 2 3 4 5

項目
垂直表面精緻度
水平表面精緻度
尺寸精確度
懸空測試
橋接測試
負空間公差
回抽測試
支撐材料
Z軸共振測試

總分　**28**

製造商	BeeVeryCreative
測試時價格	1,647美元
最大成型尺寸	190×135×125mm
列印平臺類型	未加熱壓克力
線材尺寸	1.75mm
開放線材	開放，但是專用的線材跟機器本身最合
溫度控制	無
離線列印	初始設定時需連線，列印時可以離線（可選擇BeeConnect離線列印）
機上控制	無
控制介面／切層軟體	BeeSoft（可選擇BeeConnect裝置：Cura, Slicer）
作業系統	Linux、Mac、Windows
韌體	以Marlin為主
開放軟體	開放，GNU
開放硬體	未開放，但某些部分開放
最大分貝	63.4

beeverycreative.com

M3D MICRO

文：麥特・史特爾茲和克勞蒂雅．NG　譯：孟令函

這臺小型印表機的
設計很有趣，但是
列印速度非常緩慢

M3D MICRO 的外觀非常漂亮，有著射出成型的流線外殼，幾乎看不到機械構造。但可惜的是，它的列印尺寸很小、列印品質中等（已是該機型的最佳表現）、列印速度慢得誇張，因此很明顯它的功能跟漂亮的外觀搭不太起來。

緩慢的列印速度

這臺印表機的列印速度比其他印表機平均慢了4、5倍左右，它的列印速度實在太慢，我們甚至來不及在周末完成測試。要是列印品質完美無缺，這種列印速度或許還可以包容，但結果並非如此。不過我們還是很希望這臺機器的速度可以加快，並透過軟體解決這些問題。

M3D選擇寫自己的切層與主機套裝軟體，這是個好開始，但逐步改進會更好。

結論

我們用過很多3D印表機，以350美元的價位來說，M3D很可能是買來擺好看的。如果是第一臺或只買一臺，就不建議你把錢花在這款機器上，不過如果只是想買來當作玩具，這倒是蠻適合的。

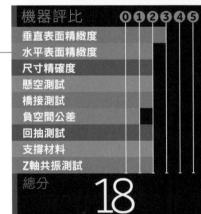

機器評比　0 1 2 3 4 5

項目
垂直表面精緻度
水平表面精緻度
尺寸精確度
懸空測試
橋接測試
負空間公差
回抽測試
支撐材料
Z軸共振測試

總分　**18**

製造商	M3D
測試時價格	349美元
最大成型尺寸	109x113x116mm
列印平臺類型	未加熱BuildTak
線材尺寸	1.75mm
開放線材	開放，但是專用的線材跟機器本身最合
溫度控制	噴口溫控（最高240 ℃）
離線列印	無
機上控制	無
控制介面／切層軟體	M3D專用軟體
作業系統	Mac、Windows
韌體	未開放．
開放軟體	未開放
開放硬體	未開放
最大分貝	66.1

printm3d.com

Gunther Kirsch

FABULOUS FILAMENTS

各種驚奇線材

這麼多驚奇有趣的選擇，為什麼只用一般的PLA或ABS線材呢？ 文：史賓賽‧札瓦斯基　譯：孟令函

以一般塑膠當作3D列印素材很棒，不過利用更多種不同材質的線材來列印，就是另一種境界了。以下幾種材質中，有些是在一般的PLA或ABS中加入添加物，再以一般的方式列印出來就好。但有一些線材則是需要更高的溫度及慢一點的列印速度，甚至有些還可能會不小心搞壞你的擠出頭。倘若適當地搭配不同材質，就可以讓你的作品不僅品質良好且令人難忘。以下是我們列出的「年度線材」，每種線材都會有一些簡單介紹。◪

青銅特殊3D列印線材

將PLA與青銅粉混合而成，青銅特殊線材印出來的成品外觀會有金屬光澤，沒有一般的塑膠質感，而且成品會更有重量。此外，該線材列印出來的成品可以進行拋光、變色與風化的加工，使其看起來更有金屬質感，此款線材可以讓本來看起來只是塑膠玩具的東西變得像珍貴的老青銅器一般。

PROTO-PASTA磁性線材

跟青銅特殊線材的製作原理一樣，這款磁性PLA混入了鐵粉，製作出金屬效果，而最外層的青銅色潤飾為這款線材製造出了灰暗的外表。不必多一道變色的手續，就能做出逼真的生鏽效果。除此之外，這款線材可以直接吸附在磁鐵上，對於熱愛發明的Maker們來說很實用，但是在使用上要特別小心，因為這款線材會磨耗你的噴嘴。

PROTO-PASTA導電線材

將PLA材質混和炭黑創造出可導電的塑膠線材，比起一般的線材更有彈性。雖然這款線材會降低層間的黏著力，但這只是為了增加導電性所犧牲的小小代價。雖然導電力不足以用來製作電路板，但這款線材可以附著在PLA上，很適合利用其電氣特性來做雙重列印。

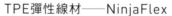

仿木線材

最近出現了許多混和木纖維的PLA線材，列印出來的木紋色澤非常逼真。更因為混和了塑膠材質，其成品不必再加上染色或上漆這類木材處理步驟。為了增加木質的質感，這款線材相對犧牲了一些彈性及韌性。

TPE彈性線材——NinjaFlex

以TPE為材質做成的NinjaFlex彈性線材可以創造出極富彈性的作品，能夠擁有比ABS、PLA材質有更高的彈性與耐磨力。但是有一點需要注意，在使用時，這款材料很有可能會直接從你的擠出頭溢出來，而不是透過噴嘴擠出。

TAULMAN BRIDGE尼龍線材

尼龍材質有時候用起來很煩，因為黏性太低，不時會造成擠出頭阻塞，而且也需要極高的工作溫度。不過Taulman調配出了這款Bridge線材，一掃過去對尼龍線材的印象，變得非常好印。這款線材也可以在相對低溫下融化，其質地較硬且也較有黏性，可以印出航太等級的質地。其硬度較高、彈性適中、黏膠也不易透過去，尼龍材質可以為一般的機械設計劃龍點睛。但要注意，保存Bridge線材儘量保持乾燥避免過於潮濕。

THE RISE OF
RESIN
樹脂崛起

文：麥特‧史特爾茲　譯：屠建明

Maker社群中最熱門的工具通常都功能強大、用途廣泛且價格不斐；以下是我們整理的入門情報

Uni-rex——thingiverse.com/thing:325809
由科林‧雷尼（Colin Raney）於Formlabs列印。

採用熱熔融沉積成型線材的機器可能會維持3D列印市場主流的地位，但尋求高列印品質的使用者已經開始轉向使用樹脂。雖然樹脂列印的市場成長相較下並不快，但我們今年測試的樹脂印表機數量比歷年都多，顯示它們的潛力終於成熟。

樹脂印表機主要有兩種：傳統的光固化成型（SLA）印表機：採用高精確度雷射光在光敏樹脂上沿路徑照射使每一層的固化成型；以及數位光固化處理（DLP）印表機：非沿路徑照射，而是以市售家庭劇院投影機來同時照射和固化一整層，這兩種印表機常統稱為SLA。

在樹脂印表機產品中，以雷射技術為基礎的機型仍然是主流。雷射所帶來的高精確、快速且穩定的固化程序是印表機的強大功能。唯一的缺點是這種技術所需的鏡面和驅動器（又稱振鏡）成本高且製造困難，使產品價格普遍較高。

DLP技術的發展開創了低成本DIY印表機的可能性，具有可比工業級印表機的列印品質。因為投影機能把影像照射在整個成型區域上，小型的印表機需要的機械構造只有一個Z軸馬達和滑軌。

今年最大的進展之一是全新樹脂配方的上市。原先市面上只可買到相當易碎的樹脂，而現在則為了因應脫蠟鑄造、彈性應用和強度提升所推出的樹脂。

在SLA試用報告中，我們用了各種模型來判定列印品質；Make的西洋棋城堡模型仍然是我們的首選。

隨著幾款新機型即將上市，以及至少一部份在過去糾纏這類印表機的法律問題獲得解決，今年很適合入手第一臺自己的SLA印表機。●

Hep Svadja

試印結果

FORM 2

Formlabs聽取了使用者的意見，其最新的機型將擁有眾所期待的功能　文：麥特·史特爾茲　譯：屠建明

Formlabs團隊把他們所有的知識都傾注在這款能讓他們穩坐領導地位的新印表機。當然它的列印品質也不負眾望地大勝於任何熱熔融沉積式印表機，而它的功能不僅解決了在Form 1和Form 1+所遇到的問題，更回應產業層級的問題。讀者發表的更新，感覺好像有人偷聽到我對SLA印表機的抱怨。

更大、更好、可離線列印

在Form 2看到最明顯的改變是成型尺寸的增加。除此之外，機械結構也升級了：水平滑軌剝片和樹脂槽刮刀結合用來清除雜物，取代了原本從樹脂槽底部分離固化層的鉸鏈剝片。這款印表機同時擁有更強大的雷射和全新的特製振鏡，可提供更快速的固化和更高的精確度，還有玻璃防護罩防止元件不沾染灰塵和樹脂。

翻新的樹脂瓶

Form 2具有一個和印表機系統整合的晶片樹脂瓶，能夠辨識裝入的樹脂種類並追蹤剩餘樹脂量，並用防止可動零件和管線接觸樹脂的系統來充填樹脂槽。當然，因為晶片控制的專屬材料，其價格可能會讓消費者卻步，Formlabs也納入了開放模式；這個模式不會自動充填，而是讓使用者倒入自己想要的樹脂。

結論

Form 2的列印結果跟我們預期的一樣：品質大幅超越熔絲列印的SLA列印品質，但仍然出現雷射程序產生某種程度的誤差。我試用的印表機是Beta測試版，而Formlabs團隊正努力為量產版進一步提升列印品質。

如果你正計劃跨入SLA的領域，Form 2是很適合的旗艦產品。你可以選擇用較低的成本入門，但Form 2的功能目前無人能比，而且在多人合作的工作環境更能發揮強大功能。🅜

> Formlabs把他們所有的知識都傾注在這款能讓他們穩坐領導地位的全新印表機。

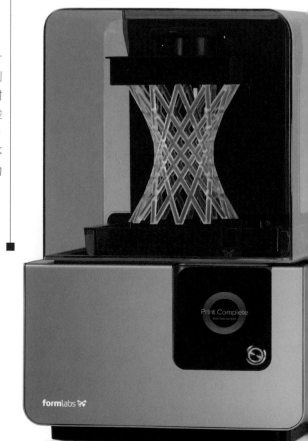

NOBEL 1.0

讓你不需付出高價就取得高品質列印的潛力印表機

文：麥特・史特爾茲 譯：屠建明

要寫Nobel 1.0的使用心得，很難不把它跟Formlabs的Form 1+比較。 它們有很相近的造型、機械結構、成型尺寸，也使用類似的樹脂。

Nobel突出的一個地方是它那僅1,499美元的價格。在使用過這兩款印表機之後，很容易就看出XYZ節省成本的地方：Nobel以樑桿和接點取代了Form 1+的優雅曲線，而Form 1+聰明的絞鍊壓克力蓋則換成可手動取下的分離式蓋子。

自動充填樹脂

老實說，Nobel確實有幾項競爭者沒做到的功能；它有機上控制又可以用USB隨身碟在沒有電腦的狀況下進行切片和傳送模型，並且可以透過管路系統從樹脂瓶自動充填樹脂槽（雖然聲音很大）。

要移除成型平臺時，蓋子必須完全垂直取下，所以在狹小的工作檯或書櫃下方會很難使用，而且USB隨身碟的插孔在機器的背面，使用也不方便。

如同其他的XYZ印表機，Nobel 1.0不讓你自己挑選喜歡的原料，以NFC標籤對樹脂進行晶片控制。唯一的好處是XYZ的樹脂仍然比其他競爭品牌來得便宜。

不穩的軟體

它限用Windows的軟體仍在開發階段，而且可以明顯感覺出來。各種功能還在修改，而且其中很多個看似未成熟。列印品質方面，我發現有精密細節的物體列印效果好，但較大、較實心的物體有時並未完全固化。

有些列印成品在表面下方有液囊會破裂，而列印成品就因此變得黏稠、損壞。這感覺起來是軟體問題，在未來的開發過程中可望解決。

結論

Nobel 1.0解決了很多Form 1和Form 1+的問題，但現在既然Form 2已經上市，除了彌補缺陷更增添新功能，Nobel 1.0可能就喪失了引領市場的先機。握有精彩的功能組合和相對低價格的Nobel 1.0對競爭者而言仍然是個不容小覷的角色，前提是XYZ需持續改善它的軟體。●

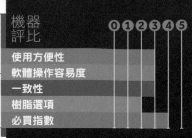

機器
評比

0 1 2 3 4 5

使用方便性
軟體操作容易度
一致性
樹脂選項
必買指數

製造商
XYZprinting
測試時價格
1,499美元
最大成型尺寸
128×128×200mm
離線列印
有，（USB隨身碟）
開放樹脂
無，限用NFC晶片樹脂
機上控制
有，具備LCD及導覽按鈕
控制介面/切層軟體
XYZWareNobel
作業系統
限Windows
韌體
封閉
開放軟體
無
開放硬體
無

xyzprinting.com

專業建議

多買幾副備用的手套和護目鏡，因為隨機附贈的工具耗損很快。
自己組裝一個架子，用於固定成型平臺以便取出列印成品，並且加裝第二個酒精池來浸泡成品。

購買理由

如果你想不破產就取得高品質SLA列印能力，Nobel 1.0是個值得考慮的選擇。未來的軟體更新可能讓這款印表機成為搶手貨。

如同其他的XYZ印表機，Nobel 1.0不讓你自己挑選喜歡的原料，以NFC標籤對樹脂進行晶片控制。

UV LASER
3D PRINTER

試印結果

Kelly Egan

kudo3d.com

機器評比

	0	1	2	3	4	5
使用方便性						
軟體操作容易度						
一致性						
樹脂選項						
必買指數						

製造商
Kudo3D

測試時價格
3,208美元

最大成型尺寸
192×108×243mm

離線列印
無

開放樹脂
有，與第三方樹脂相容

機上控制
無

控制介面/切層軟體
Creation Workshop

作業系統
限Windows

韌體
Marlin

開放軟體
有

開放硬體
無

專業建議

記得在設定列印物件的目標 X Y 平面解析度和成型尺寸後，再把樹脂加入 PSP 槽中。Kudo3D社群成員 Jensa 提供了大家一個好用、可列印的尺寸對照表，可加快了這個程序。

購買理由

透過大規模應用彈性的 PSP 樹脂槽，Kudo3D 擺脫了數個高成本的可動式零件，讓這款印表機對經驗豐富、想嘗試大型列印和新樹脂的使用者而言物超所值。

試印結果

TITAN 1

以一臺模組化、可改造的印表機而言很划算，
但對初學者挑戰較高 　文：馬修・葛利分　譯：屠建明

Titan 1 是一臺改造潛力強大的印表機。最適合的是已經擁有SLA基礎知識，並想要以熱情、解決問題能力和社群提供的知識來使用大型、高品質SLA/DLP印表機的使用者，而且比其他成型尺寸相近的印表機還便宜好幾千美元。

非傳統的樹脂容器

隨附的PSP樹脂槽和一般的硬側面設計不同，它採用較軟的矽氧樹脂/PDMS底面和兩面鐵氟龍側面板；側面板在Z軸平臺上升，把最新固化的一層從樹脂槽底部拉開的「剝離」過程中會彎曲，但不會讓樹脂溢出。這個設計縮短了成型平臺降到下一層固化位置的循環時間，但這也有它的缺點：準備多花時間對平臺黏著相關的問題進行校正和疑難排除，不然你可能會無法一開始就列印大型物件。

組裝輕鬆且使用容易

Kudo3D團隊的逐步教學影片讓我們一下就完成了印表機的組裝。它的THK工業級線性Z軸平臺安裝在外殼的後上方，用來移動成型平臺進出下方的樹脂槽。

組裝簡單的壓克力殼覆蓋Z軸平臺塔和PSP樹脂槽，這能防止對光敏感的列印原料暴露於環境光線中。但我的建議是，需要拆卸外殼進行運送的使用者可以自己找夾子和其他工具來固定，不要使用壓克力膠帶。

可拆式的側面拉絲鋁面板能快速移除和安裝，讓使用者能接觸內部所有的電子元件和投影機。

論壇是你的好朋友

雖然機器組裝快速，但Kudo3D不完整的說明文件讓我很有挫折感。須前往各論壇爬文當做官方文件的補充，而且熱心的社群成員們可以幫助你取得製造商還沒正式提供的資源。

結論

如果你想要一個用來做各種嘗試的平臺來研究DIY樹脂印表機的功能和各種適合Maker的第三方樹脂，這可能就是你要找的機器。

Kudo3D團隊的逐步教學影片讓我們一下就完成了印表機的組裝。

LITTLERP

適合做為SLA入門的平價套件

文：克里斯・耶埃　譯：屠建明

LittleRP是一款「自備投影機（BYOP）」樹脂印表機套件，而且它是我遇過最容易組裝的印表機。它的組裝說明（目前以一系列相簿形式呈現）雖對新手還有一些進步空間，但已經夠用了，而且組裝只需要一個下午的時間。

主架構完成後，它的組裝說明會引導你架設並校正投影機。推薦使用的投影機價位在300到600美元之間，所以如果手上沒有投影機，這個價格也要納入預算考量。

安全第一

我列印的前幾件成品和我之前慣用的FDM印表機相比實在非常卓越。只用基礎架設條件和標準設定，它的列印品質就實至名歸。細微的文字、柱體和通道都輕鬆印出。雖說如此，安全還是很重要的議題。你會需要充足的拋棄式手套和護目鏡；其他必須品包括清潔用的酒精和印後固化臺（有的人會自己製做紫外線光盒，有的人則採用陽光）。

辛苦都值得

對我而言，準備化學藥劑的麻煩和列印品質及相對的列印速度比起來是瑕不掩瑜。

缺點在於整體成型空間：它的成型區域不及標準的培養皿面積，所以別期待用它來列印大型物品。樹脂的成本也比線材高；這就是為什麼需要學習中空的設計和節省樹脂。

結論

用LittleRP做為高品質列印的入門是個符合成本效益的方法，尤其對已經有投影機的使用者而言。因為安全疑慮和較開放式的設計，可能無法在教室或工作室桌面等環境使用。但是珠寶玩家、藝術家、模型設計師和桌遊玩家用它可以玩得很開心。 ◉

機器評比

	0	1	2	3	4	5
使用方便性						
軟體操作容易度						
一致性						
樹脂選項						
必買指數						

製造商
LittleRP
測試時價格
599美元
最大成型尺寸
60×40×100mm
離線列印
無
開放樹脂
有，與第三方樹脂相容
機上控制
無
控制介面/ 切層軟體
Creation Workshop
作業系統
Windows、Linux
韌體
Grbl
開放軟體
免費供終端使用者使用，甚至可作商業用途，但並未開放原始碼。
開放硬體
Grbl為開放硬體，但LittleRP Arduino擴充板未開放。Design Files目前僅釋出非商業性授權，未來預期將完全開放釋出。

littlerp.com

專業建議

你可以在**build yourownsla.com**上找到LittleRP專屬的子論壇，由**Creation Workshop**的團隊經營，其中有很多有用的資訊。

購買理由

以平價提供優越的**SLA**列印品質。這是一個在**Kickstarter**上削價競爭成功的例子。

它是我遇過最容易組裝的印表機套件。

Kelly Egan

試印結果

CNC AND 3DP SOFTWARE GLOSSARY

CNC與3DP軟體專有名詞 製造相關英文縮寫釋義
文：約翰·艾伯拉 譯：謝明珊

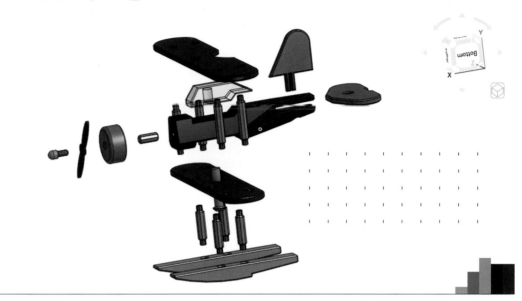

Screenshot: OnShape CAD software; Plane design: Kurt Hamel

業餘數位製造設備迅速成長，加上價格持續降低，更多愛好者開始研究縮寫、軟體套件和專有名詞，這篇就是方便你入門的備忘錄。

CAD（3DP/CNC）

電腦輔助設計（CAD）是專門製作2D和3D模型的軟體，本來是建築業和製造業的專利，如今已有低價（甚至是土炮做出來）的業餘玩家版。

CAM（CNC）

電腦輔助製造（CAM）是專為CNC銑床和切割機製作路徑（G-code）的軟體，採用大家愛用的2D格式，讓使用者決定哪些部分要加工或切割，還有速度和深度等細節。

G-CODE（3DP/CNC）

用來控制CAM的程式碼，如今幾乎都靠軟體編寫，不僅能控制動作、速度、旋轉和深度，還能控制其他相關開關和感測器。

G-CODE 傳送軟體（3DP/CNC）

G-code確定之後，就會傳送指令給機器（通常是透過USB），雖然部分開源工具鏈仍採用個別的G-code，但目前市面上大多將切層軟體和G-code傳送軟體整合在一起。

網格編輯器（3DP/CNC）

3D模型轉為STL格式之後，其三角排列通常稱為「網格」，網格編輯器讓使用者直接編輯網格上各點的延展、縮小或整平，或是調整3D模型外殼。

OPENSCAD（3DP）

這套軟體以程式生成3D圖形、複雜系統和參數設計，有別於傳統的CAD程式，不用在OpenSCAD上「繪圖」，所有設計都用文字檔編寫，集合起來就可得到最終圖形。

切層軟體（3DP）

積層製造顧名思義就是層層堆疊，切層軟體專門把3D模型分層，每次只列印一層，其所產生的G-code，可控制印表機的路徑、速度和溫度，目前分成版權軟體和開源軟體兩種。

STL（3DP/CNC）

這是最常見的3D列印檔案格式，更是大受「2.5D」銑床所歡迎，但受限於三軸加工，只能切割單面。STL格式將三角形堆疊起來，藉此呈現出3D物件。這種檔案「無標準尺寸」，最小單位可能是釐米或任何單位，所以必須先搞清楚檔案怎麼來的。◣

A REPRAP FAMILY TREE

RepRap家譜圖
找出開源桌上印表機的始祖

文：珊蒂・坎貝爾　譯：敦敦

分支再分支
事實上，RepRap的家譜遠比你現在看到的這三個分支還要龐大，旗下的數十個分支分別代表著不同的開源機型。當追溯其血統時，大多都以某種形式連結到最初的Darwin印表機。而其他與Darwin無直接相連的機型，至少在設計理念上都與Darwin類似。

印表機圖解

- ■ 噴頭運行方向
- ■ 列印平臺運行方向
- ← or → X軸*
- ↕ Y軸*
- ↑ or ↓ Z軸*
- 💡 重大發明
- ⚙ 簡化版

*箭頭顏色與移動部件相符

REPRAP TREE BRANCH COLOR KEY

- ■ 噴頭運行於X軸與Y軸，列印平臺運行於Z軸。
- ■ 噴頭運行於X軸與Z軸，列印平臺運行於Y軸
- ■ 噴頭運行於X軸、Y軸與Z軸，列印平臺不動。

Rob Nance

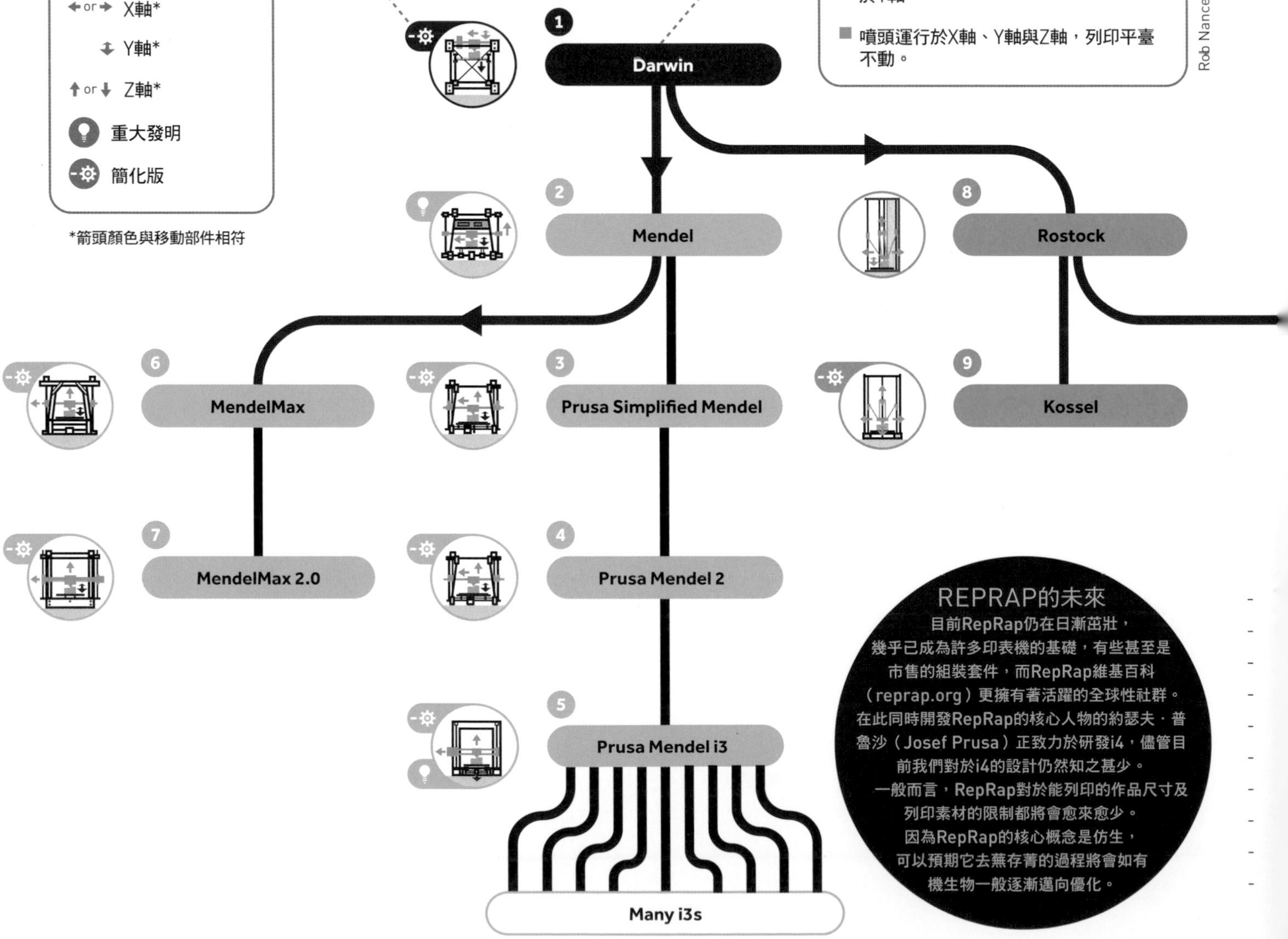

① Darwin

② Mendel

③ Prusa Simplified Mendel

④ Prusa Mendel 2

⑤ Prusa Mendel i3

⑥ MendelMax

⑦ MendelMax 2.0

⑧ Rostock

⑨ Kossel

Many i3s

REPRAP的未來

目前RepRap仍在日漸茁壯，幾乎已成為許多印表機的基礎，有些甚至是市售的組裝套件，而RepRap維基百科（reprap.org）更擁有著活躍的全球性社群。在此同時開發RepRap的核心人物的約瑟夫・普魯沙（Josef Prusa）正致力於研發i4，儘管目前我們對於i4的設計仍然知之甚少。一般而言，RepRap對於能列印的作品尺寸及列印素材的限制都將會愈來愈少。因為RepRap的核心概念是仿生，可以預期它去蕪存菁的過程將會如有機生物一般逐漸邁向優化。

RepRap為快速複製成型機（Replicating Rapid Prototypers）的縮寫，更是最初的開源桌上型3D印表機。

RepRap一開始是由英國巴斯大學的資深工程學講師阿德里安·包耶（Adrian Bowyer）所發明，其設計理念為自行生產所需的零件──印表機印製印表機。至於其他硬體方面，只是簡單的要求低成本，讓每個人都可以透過基本的技術來生產自己的商品。

包耶隨後便設計出第一臺眾所週知的RepRap：Darwin。 他目前身為RepRapPro主管，將RepRap專案視為一種共生的關係：當我們提供製造時所需的協助，這些機器便可用低成本來生產我們所要的商品，就像昆蟲與植物間的關係一樣。RepRap也會經歷一段類似有機生物的演化，當新科技普及時，它們便會隨之進化。

隨著概念發展（目前仍持續發展中）的過程裡，這也真實的發生過。不只在RepRap的家族樹中發展出一系列有著新創意的印表機，同樣的情況也會發生在商業印表機上，許多印表機在審視此議題中的部分設計時，同樣將功勞歸功於RepRap發展的軌跡。

Rostock Mini

適合所有人的REPRAP
隨著i3的熱潮，
許多公司參考這款價格親民的印表機推出自己的版本。像是BQ、BeeVeryCreative、MakeFarm、MakeFarm和Prusa3D等，許多i3的變化版本包括配件組或是已安裝好的機器，在這些選項中一定有臺i3是適合你的。

Darwin線（頂端）
Darwin，阿德里安·包耶，2007 ❶

方形的Darwin是公認的第一臺RepRap印表機。一臺笛卡爾座標的機器，由鐵條及3D列印組成大部分的接點，藉由裝於平臺四個角落的導螺桿來控制平臺的上下移動，在2007年至少有9臺實驗印表機都採用相同的軸向定位。

Mendel，愛德·賽爾斯，2009 ❷

發展到Mendel時，RepRap的設計有了重大的轉變。除了更容易組裝之外，形狀還從方塊狀改變為角柱體，讓大部分的重量集中在底部，讓機器本身變得更穩定。此外，將四個導螺桿減少為兩個，大幅減少因骨架及水平而造成的許多問題。

Prusa線（中央）
Prusa Simplied Mendel，約瑟夫·普魯沙，2010 ❸

約瑟夫·普魯士，一位布拉格經濟大學的年輕 「驕傲退學生」，將Mendel大幅地簡化，這代表組裝機器所需的時間也大幅地減少。在這個階段，有經驗的組裝者只要用一個週末就能將Mendel組裝完成。更少的零件和流線型設計也意味著只需要花一半的時間就可列印出接合部位的零件。

Prusa Mendel 2，約瑟夫·普魯沙，2011 ❹

經過一些嘗試，第二代的Prusa Mendel在原本的流線型設計中，加入了更多的複雜性。可加熱的列印平臺使原料能緊緊附著並避免變形，重新設計的X形滑動架可以容納線性軸承跟軸襯。此時RepRap社群開始注意到它，使這臺原型機變得十分有名，吸引許多新的參與者和愛好者。

Prusa Mendel i3，約瑟夫·普魯沙，2012 ❺

i3是RepRap中的旗艦版，並且變得更受歡迎。整個家族樹從i3開始發芽，若是你正在找一臺RepRap，也許就是i3。最主要的改善包括了採用開放的設計來確保最大的列印尺寸，其穩定且堅固的骨架和整體零件的減少。

中西部的REPRAP節
目前最大的RepRap活動
每年都會在印地安那的
戈申（Goshen）舉辦，
那裡也是SeeMeCNC印表機公司的家鄉。整個週末，參加者可以看到客製化和稀有的機型，也可以參與RepRap傑出人士的座談會。在這裡更能看到RepRap社群的龐大、
充滿創意及多樣性。

MendelMax線（左）
MendelMax，Maker工具房，2011 ❻

Maker工具房（Maker's Tool Works）的成員採用了Mendel的概念，設計出一款新的結構，他們採用鋁擠型來取代鐵桿，使骨架變得非常堅固且耐用，同時也保留了最初RepRap的建造構想：使用自身列印的接合零件。

MendelMax2.0，Maker工具房，2013 ❼

這款機型其實有點混血的感覺，2.0的開放架構很明顯是受到Prusa i3的影響，但仍然使用堅固的鋁擠型。Mendel Max其實算是Mendel和i3的混血兒，Z軸馬達仍需安裝於頂部。其所具備的大型列印體積和簡化的構造，對於零件的需求也相對減少。

Rostock線（右）
Rostock，喬安 C·洛河，2012 ❽

Rostock為RepRap的Delta原 型 機，是RepRap家族樹中一個廣大分支的祖先。應用於眾多製造業中Delta機器人（不執行列印的種類）皆以工作速度快而出名，因此在3D印表機中採用此機型也算合理。一臺並聯式印表機的合理列印速度要求大約為350mm/s（詳情請見P.39 SeeMeCNC的Rostock Max v2套件）。

Kossel，喬安 C·洛河，2012 ❾

2012晚期，洛河發表了另一個RepRap家族中以著名生物化學家/遺傳學者命名的成員：Kossel（有注意到這發展的走向嗎）。今日，洛河仍將這設計分類為實驗性質的。Kossel像Mendel Max一樣使用鋁擠型做為骨架，可讓成品高度達到400mm（16"）。

Rostock Mini，布萊恩·伊凡斯，2012 ❿

Rostock Mini是原始Rostock的小型且結構穩定版，其另一項具有吸引力的主要改善是使用了原本設計做為CNC切割木頭或壓克力的零件。在RepRap社群中已證實這樣的迭代非常可靠且十分受歡迎。

SUBTRACTIVE FABRICATION STEPS UP

減法製造崛起

8種可攜式
CNC工具機
的測試與
評比

文：路易斯・羅德里奎茲　譯：孟令函

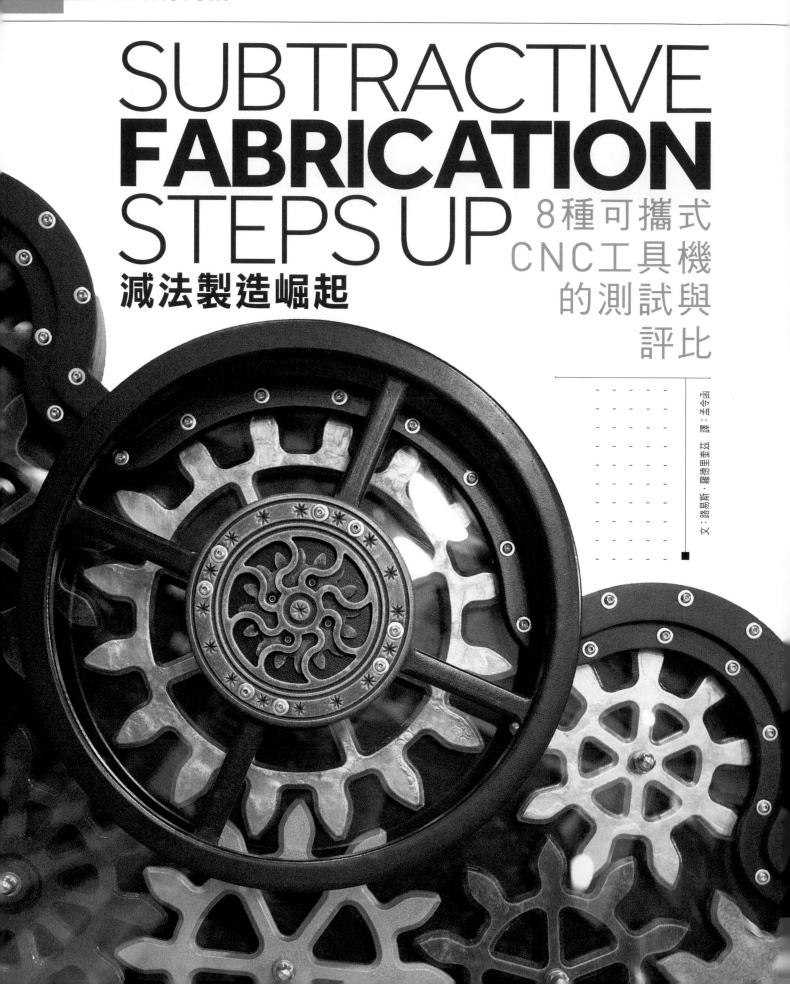

CNC（電腦數位控制）機具在製造界已經存在五十年，比1984年出現的3D列印技術還早了二十多年出現。經過這麼長一段時間，CNC已經變成切割的代名詞。銑刀跟鑽頭很像，可以用來雕刻，在平面裁出形狀，也能夠從厚實的材料上雕出錯綜複雜的3D設計。

過去幾年來，3D列印的崛起受到許多矚目；CNC銑床與雕刻機雖然從重機具發展成一般人也負擔得起的桌上型工具，它的轉變卻沒有那麼多人注意。雖然這項改變最近才開始，但目前市面上已經有許多簡單好用、符合工作檯大小的工具機了。

用途廣泛

CNC工具機在每個Maker空間、駭客空間、fablab都很受重視，因為每個人都能用它精準地製作出各種自造專題中的複雜零組件。不管是木作、一般產品、家具、樂器、標誌、船，還是珠寶等各種成品，只要有CNC，就能準確地把各個部件整合在一起，而且這種規模只有CNC做得到。CNC代碼指的就是控制機器的指令，刀具的運動軌跡已經預先以程式碼的形式設定好了，它可以確保所有製作出來的成品都一模一樣。

這種近來受到Maker矚目的切割工具，尺寸多元。有可以切割電路板這類小型成品的微型CNC銑床，也有能夠將4'×8'尺寸木板製作成家具的大型雕刻機。不論尺寸大小，它們都是透過同一種方法控制，唯一不同的只是它們的開發工具。

電腦控制

就跟在3D列印中會使用CNC控制擠壓頭的動作一樣，大多數的CNC銑床都是三軸運動的機器，它可以在X（左右）、Y（前後）、Z（上下）之間移動刀具，透過皮帶或導螺桿控制方向。有一些機種是只有刀具本身會移動，有些則是銑床移動，也有一些機種是刀具與銑床一起依據軸向移動。

Jillian Northrup

切割材質

有了CNC銑床，就能快速精準的切割一般技術無法切割的堅硬材質。這些材質可能是軟質或硬質木頭、各種合板、塑膠材質、軟質或硬質。會對材質產生限制的只有切割的尺寸、硬度、所選擇的銑刀。

材質的硬度與銑刀的尺寸都是在下達正確指令時的關鍵考量，銑刀速度設定太快可能會造成鑽頭損壞，太慢則可能會燒壞你要切割的材料，如果切割路徑設定錯誤，有可能會直接切壞機器的切割平臺（不過這也是可以想見的，畢竟這個平臺的別稱就是「廢料板」）。

創新與進步

因為近來的機器與軟體推陳出新，桌上型CNC比傳統的工業用CNC更容易使用。其中一項相當實用的進展就是把CAD/CAM功能合併成一個程序，只要使用一種軟體，不僅可以進行設計，還可以同時做出G-code。Autodesk的Fusion 360就是這種軟體，最近非常受歡迎，同時還有MeshCam、MakerCam、VCarve Pro、Aspire這幾種軟體可以使用。

更厲害的是，這些程式現在只要透過小小的USB將機器與網頁版的CAD/CAM連接，就可以直接在雲端上使用。Inventables的Easel這款軟體現在已經能做到這點，而其他公司據說也正在發展這項技術。

另一個新趨勢則是把電腦與機器的控制系統建立在其他裝置上，意思就是在CNC工具機裡加裝微控制器以及電腦，這樣就可以無線登入並連接機器，無論何時何地都可以遠端控制。

這些新的設計是為了讓CNC的使用者更方便，使用時只要決定想要做什麼尺寸的成品、訂好預算就好。請翻下一頁，來看看哪臺機器最適合你吧。🅝

給孩子的互動式齒輪牆由Because We Can為哈蒂斯堡動物園（位於密西西比）所設計、製作

CRAWLBOT

文：傑森・洛伊克　譯：孟令函

這臺革命新機種帶來業餘機種的價格、特大尺寸切割功能

printrbot.com

製造商
Printrbot

測試時價格
3,999美元

最大成型尺寸
1,219×2,438×50mm

主機軟體
Printrbot CNC控制軟體

CAM軟體
Fusion 360或Printrbot
軟體

韌體
TinyG

作業系統
跨平臺
Chrome擴充工具

Gunther Kirsch

Printrbot這款備受期待的新機種絕不會讓你失望。 這款新機種引領了CNC科技進入新的階段，改變了整個局面。我們這次測試的機器是原型機，目前只有這唯一一臺，所以我們呈現的可能不是這臺機器的所有面貌，但是可以藉此一窺這個革命性的新發展。

精巧的工程

Crawlbot解決了以往CNC機器固有的限制，將其拋在腦後：以傳統的機種來說，如果要切割大型的材料，你的機器本身就必須要有比切割材料更大的外框；但是Crawlbot卻沒有這種限制，機身僅僅是一個高爾夫球袋左右的大小，竟然可以切割全開大小的合板。

原理其實非常簡單：以往的機種依賴CNC機器本身的超大外框，這臺Crawlbot卻是直接依附在要切割的材料上，形成機器的結構。Crawlbot的X軸跟Z軸跟其他機器沒什麼不同，在射出成型的鋁製軌道上移動；真正神奇的是它的Y軸，Crawlbot的機器上有兩條驅動皮帶牢牢地夾在木板的四個邊角上，機身是由滑輪乘載，利用木板筆直的邊緣在合板上移動。Crawl這個字本身是爬行的意思，Crawlbot的移動方式就像在木板上爬行一樣，這就是Crawlbot名稱的由來。

這臺切割機對熱愛在家改造的玩家來說實在太好用了，只要在周末把車倒出車庫，就可以直接在車庫使用Crawlbot，它的體積甚至可以直接放進汽車後車廂帶著走！Printrbot指出，只要將機器綁在合板上，再將合板放上幾座鋸木架，就可以直接使用Crawlbot了，在我們的測試過程中，這個方法完全可行，連切割AtFab椅的細木工也完全沒問題。

運作流暢、機體結實

別忘了，我們用來測試的只是原型機，

但我對它的韌體已非常激賞。它的結構是射出成形的鋁製機身，非常結實，並且配備了手動控制的Makita切割機掛件（很高興看到他們沒有在品牌上省錢，不過如果有自動RPM就更好了）。TinyG安裝在一個堅固的小盒子裡，負責驅動機器切割頭的動作，整個運作過程非常優雅流暢。整臺Crawlbot的重量約為65 lbs，自己一個人操作是可行的，只是在前幾次使用時如果有人可以幫忙會更好。有幫手多試幾次以後，自己一個人組裝或拆卸會更容易上手。

不過Crawlbot最大的優勢也正是它的弱點所在，因為Crawlbot運作時會在切割的材料四周移動，機器移動的路線需要足夠空間，所以切割材料的每個邊緣都要留下大約4"的空間，這也就表示，4×8這種最一般尺寸的材料並不適用，因此很多專題設計無法製作。雖然我有找到一些變通的方法，但是都不是完美的解決方式，Printrbot也正在針對此一問題著手改善。

結論

Crawlbot並不能完全取代傳統的CNC雕刻機。因為它必須在完全平坦且邊緣平整的材料使用，機器本身的Z軸高度限制也比較嚴格，只有大約2英吋左右的空間。除此之外，雖然安裝Crawlbot本身很快，但它還有電線、真空軟管、資料傳輸等等的其他部件，所以可能沒有乍看之下那麼便利簡單。

但是就其價格以及可攜性來說，我覺得這臺機器會搶走一部分的大型CNC市場。畢竟它只要4,000美元，大約是多數大型CNC價錢的五分之一。Printrbot的這項產品真的很棒，老實說，這個產品這麼好，我覺得接下來可能會看到許多公司推出類似的產品（這也取決於Printrbot申請到哪種專利了）。✎

> Crawlbot
> 解決了以往
> CNC機器
> 固有的限制，
> 將其拋在腦後。

為了表現這臺機器的**大尺寸CNC切割能力**，我們Crawlbot切割並組裝了這張AtFab椅，只花了幾個小時。

切割成品

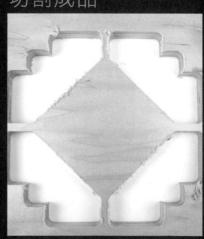

NOMAD 883

這臺機器
封裝精美、堅固耐用，
麻雀雖小五臟俱全！

文：尚恩‧格蘭姆斯　譯：潘榮美

carbide3d.com

製造商
Carbide 3D

測試時價格
2,599美元

最大成型尺寸
203×203×76mm

主機軟體
Carbide Motion

CAM軟體
MeshCam

韌體
Grbl

作業系統
Mac、Windows

Available at
Maker Shed

Gunther Kirsch

SHAPEOKO 3的製造商推出另一款CNC雕刻機Nomad883，這一臺機器不用組裝，買來就是完成品，外觀有竹子或HDPE（高密度聚乙烯）兩種選擇。

細工慢活的 3D 銑削技術

Nomad 883 安裝起來非常簡單。我先下載了 Carbide Motion 軟體，再依照網站上的第一個教學操作；拜他們直接提供的 G-code 檔案所賜，只花15分鐘，我就磨好一個扳手了。

旗開得勝，讓人士氣大增！接下來的教學內容是使用 MeshCam，以一個 STL 檔案為樣本進行切割，此戰再度告捷，真是激勵人心！經過初步測試之後，顯然 Nomad 表現最佳的就是這類的裁切工作，在這種材質之上，3D 印表機幾乎無用武之地，而且 Nomad 的裁切精細程度也讓 3D 印表機望塵莫及。

接下來，使用 Carbide 3D 提供的 MeshCam 授權檔案，可以取得為 Nomad 要使用的材料和銑刀預設的參數，這樣一來，不需要自己決定速率之類的設定值，就能輕鬆雕刻多種材質。然後下載 STL 檔，設定最大深度值，魔術就開始了：只要選擇材質和銑刀大小，一切計算過程都幫你搞定。

2D 問題

到了 PCB 銑削測試時，事情開始變得有點不妙。問題不是出在 Nomad，而是軟體在搞鬼，精確來說，是軟體功能不足。教學和文件並未提及用 STL 進行 3D 切割之外的功能，於是我只好自己上論壇，搜尋其他辦法來雕刻 PCB 或其他 2D 設計圖。這次的工作流程好複雜，明明只是PCB 或 2D 列印，怎麼感覺像在跳火圈？

鬼斧神工的硬體和設計

雖然文件和流程可能不盡人意，機器本身的硬體設計卻像是美夢成真一樣。側邊以竹子為材料，搭配全鋁邊框，非常美觀；有了保護殼，就算一直擺在電腦旁邊也不怕生灰塵。還有，它的構造堅固，轉軸持續在各種材質上旋轉也不怕卡住。轉軸由無刷馬達與速度調節器組成，使刀刃能在各種材質上操作。加上新的深度探測功能更是神來一筆，校準時更方便。因為校準自動化了，加上新版的夾鉗可供選擇，這樣一來雙邊同時磨製不再是夢。

Carbide Motion 控制器軟體操作容易度優雅，操作方便。網路討論區也盛傳公司持續在積極改良，並聆聽消費者意見和希望來參考。除了能搭配 Fusion 360，目前也正在開發使用 Eagle 製作 PCB 磨製的功能。Carbide 3D 製造商也表示，他們不打算在使用流程中排擠其它廠商規格，Carbide Motion 軟體也將能處理所有 CAM 工具的 G-code。

結論

目前 Nomad 缺乏清楚的說明文件及操作方式，顯示這個機型還未臻成熟。然而在硬體設計、堅固性和自動校準方面非常優秀，因此，這仍然是值得投資產品，不久的將來也可享受軟體更新和更多服務做為回饋。Carbide 3D 在硬體方面確實大獲成功。軟體方面追趕上的那天也指日可待。●

> 機器本身
> 的硬體設計
> 就像是
> 美夢成真一樣。

切割成品

SHAPEOKO 3

文：庫特・哈默爾　譯：潘榮美

這臺厚重的
機器繼承了
SHAPEOKO 2，
但是更快、
更大、更強！

shapeoko.com

製造商
Carbide 3D

測試時價格
999美元

最大成型尺寸
425×425×75mm

主機軟體
Carbide Motion V2

CAM軟體
MeshCam

韌體
Grbl

作業系統
Mac、Windows

Available at
Maker Shed

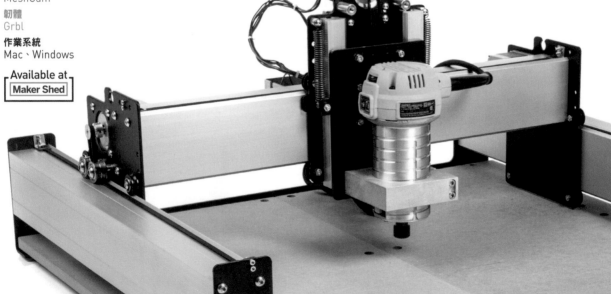

SHAPEOKO CNC工具機由愛德華·福特（Edward Ford）發明，以簡約、低成本且開放原始碼的方式做為設計初衷。新的Shapeoko 3和它的姊妹作一樣，以套件販賣。我們的測試小組拿到的是組裝完成的產品，不過商品說明指出組裝只需2到3小時。

福特設計的Shapeoko 3是與Carbide 3D合作完成，而Shapeoko 2則是與Inventables合作。除了合作廠商不同以外，這個版本只有一些變動，這不難想像，畢竟Shapeoko CNC就是以簡約為設計原則。

升級的軌道

Shapeoko 3與系列姊妹作和它牌產品最大的不同，就是厚得不可思議的軌道，為機器提供穩固的邊框。Shapeoko 3的支架為85mm×55mm，比起上一版的標準尺寸40mm×20mm增加相當多，因此強度和硬度也大幅增加，尤其在對付厚實的材質特別有用。

如果你希望從小一點的機型入手，之後還有可能想要升級，那Shapeoko 3會是一個不錯的選擇，因為他們未來也將推出更長的軌道方便替換。

強大的刀具

比起前幾個版本，Shapeoko 3除了有供DeWalt DWP611修邊機（trim router）安裝的底座（修邊機需另購），還提供更多加工刀具滿足更高難度的專題需求。因為加裝了這些設備，Shapeoko 3看來比第2版更大、更快、更強大；實際用起來也會發現它是名副其實。而且安裝了熟悉的DeWalt之後，用起來感覺就和Shapeoko 2搭配Dremel電鑽一樣順手，我不需要懂電子學、步進馬達、機器結構，就能直覺理解操作方法。

直覺的軟體

如果你已經會使用桌上型CNC雕刻機，那麼開始嘗試Shapeoko 3也不會太困難。Carbide 3D Motion軟體簡易又直覺，只需要一小段USB連接線就能連上機器，處理G-code也毫無問題。不過，說明文件大概就只講到這裡。其他功能像是把向量影像轉成G-code，就是我自己摸索出來的。我後來用了許多CAM軟體：像是 MeshCAM、MakerCAM和Easel等等，結果都令人滿意。

不過，如果你沒接觸過桌上型CNC，就要小心一些陷阱。網站上的文件說明預設讀者知道如何操作CNC工具的與CAM工具。此外，因為Shapeoko 3沒有極限開關（limit switch），無法阻止軌道上的載具衝出邊緣，這對初學者來說可能有點困擾，不過，因為這是開放原始碼的設計，所以如果需要任何改裝或協助，應該都可以找到辦法解決。另外，廢料板（spoilboard）和夾鉗也要自己做。說是這麼說，但是所有的困難只要有耐心一定能克服，這些並不算太困難。

結論

如果你正覺得Shapeoko 2或其他小型CNC雕刻機的力度、大小或穩定性不夠，Shapeoko 3就是個好選擇。DeWalt電鑽、NEMA 23步進馬達、加粗軌道、增大的作業空間等，所有的改良都恰到好處，將這臺桌上型CNC提升到CNC銑床的境界。要是預算讓你的Maker之路走得很艱辛，那麼先用Shapeoko 3來代替CNC銑床也不錯！當然這款仍然是非常陽春的CNC設備，如果堅持要最方便好用的機具，還是得多花點錢。●

> 所有的改良都
> 恰到好處，
> 將這臺桌上型
> CNC提升到CNC
> 銑床的境界。

Gunther Kirsch

機器評比

0 1 2 3 4 5

使用方便性
軟體操作容易度
結構品質
機動性
必買指數

專業建議

既然這個版本精確度這麼高，就該物盡其用，把切割機的廉價鑽頭換成更精確的銑刀。或者考慮買一個直徑⅛"的筒夾（collet），這樣選擇就更加寬廣了。

購買理由

如果不想花大錢，又想找一個比CNC雕刻機更堅固、有力、快速、作業尺寸更大的設備，那Shapeoko會是一個很棒的選擇。Shapeoko既簡單又有開放原始碼的優勢，很適合DIY玩家、改造玩家，或是任何想了解CNC雕刻機的朋友。

切割成品

X-CARVE

文：路易斯・羅德里奎茲　譯：潘榮美

這臺機器有許多配備可供升級，新手老手都適合！

inventables.com

製造商
Inventables

測試時價格
1,157美元

最大成型尺寸
300×300×65mm

主機軟體
Easel

CAM軟體
Easel、UGS（Universal G-code Sender）

韌體
Grbl

作業系統
在網頁上使用

Available at
Maker Shed

Inventables

Inventables最著名的產品就是Shapeoko和Shapeoko 2，這兩款都是開放原始碼的CNC機器設備。此外，他們也釋出「瀏覽器版」應用軟體Easel，專門用來製作切刻用的設計與工具切割路徑。種種跡象顯示，Inventables下定決心，要將這類的CNC產品推向更大的使用者社群，就算是剛接觸數位製作的初學者也能輕易上手。這一切努力的結果就是X-Carve，全新一代的開放原始碼機具，外表光鮮時髦，升級擴充的可能性也是前所未有的寬廣！

隨心所欲的開放原始碼設計

X-Carve的硬體是開放原始碼，也就是說，你可以自由自在地改變這臺機器的設計！

X-carve沿用開放原始碼Makerslide的鋁擠型V型軌道，除了做為支撐結構，也是一種線性軸承系統，不僅使得成本低廉，製造成品也更加流暢。

目前X-Carve有兩種版本，第一種軌道長度500mm，可裁切面積為12"×12"。另一個較大的版本軌道長度是1,000mm，可裁切面積達31"×31"。為了降低零件總數，他們為移動軸和電鑽基座設計了新的支架，使得機器組裝的時間降低。我們測試機器輸出速度與深度極限時，也不用擔心機器因為壓力而變形。

Inventables在網路上公開了詳盡的組裝步驟，每一個步驟都輔以說明，也有教學影片可以參考，甚至還有每一個步驟的組裝時間估計，整臺機器組裝完成大概要8小時，依照個人選搭的零件而有差異。在測試的時候，我們用的是「全套」機器組裝，包含Z軸愛克姆螺桿、廢料板、重型NEMA 23步進馬達、靜音電鑽、輔助定位用的極限開關等。

功能完善的軟體支援

與X-Carve硬體搭配的是Easel網頁版

> ## X-Carve的硬體設計是完全開放原始碼，這意味著你可以根據自己的需求來進行改造。

應用程式（easel.inventables.com），連上網頁之後，會有安裝精靈跳出來問你是不是要安裝Easel Local，這是一款USB應用程式，將你的電腦與Easel網站連接。接著，程式會問你三個問題：機器型號、軌道尺寸和導螺桿類型，好了之後，會帶著你是做一個範例專題，體驗機器初始校準、練習裁切等等，別擔心，整個過程只需要5分鐘左右！

不過，千萬別被Easel單純的外表給騙了，其實Easel功能齊備，可以調整任何部件的形狀、位置、尺寸、旋轉和鏡像，還可以設定每一個零件的裁切深度，從裁切路徑之上、之內或之外與進行裁切。不只如此，還有一個「填滿」（fill）功能，這個功能其實就是封裝（pocket）的意思，把路徑和路徑內的部分封裝在一起，整個裁切下來。Easel的材料選單預設許多不同材料，每一種材料都有建議的裁切深度與進料率。有了這些資訊，加上正確的鑽頭尺寸，Easel就可以進行裁切了。Easel還會在深度裁切的部分做記號，確保零件位置正確，不過之後要磨掉也毫不困難。

銑床上有內建螺紋，所以用螺栓和轉動夾就可以輕易固定切割材料了，這麼做的好處是減少廢料板的用量，之後整理銑床時就不需要再後續處理。

結論

這臺機器非常適合初學者，老手也可以自由地將配備升級。在測試的時候，不管是塑膠、木頭還是鋁製品，裁切起來都非常輕鬆，而且進料速率跟裁切深度都可以提高，這樣機器用起來就更有力了。我們對於工作順暢度也非常滿意，不管是在Easel上畫圖或者輸入SVG檔都很有效率。你也可以輸入灰階SVG檔，用來控制裁切深度，產生立體裁切路徑。 ◓

SHOPBOT DESKTOP

桌上型Shopbot

文：庫特‧哈默爾 譯：潘榮美

這臺桌上型CNC包含多種功能，並提供完整的使用者資源。

機器評比
	0 1 2 3 4 5
使用方便性	
軟體操作容易度	
結構品質	
機動性	
必買指數	

製造商
ShopBot

測試時價格
7,330美元

最大成型尺寸
610×457×140mm

主機軟體
ShopBot

CAM軟體
VCarve Pro、Fusion 360

韌體
ShopBot Control System

作業系統
Mac、Windows

shopbottools.com

　　在這期評選的CNC工具機當中，這款桌上型Shopbot不管是品質或外觀來說都獨踞重量級寶座。焊接鋁外框、可拆卸T形底座，再加上重量級轉軸，總重115磅。大容量加上高精準度，讓其他雕刻機難以望其項背：這一款桌上型Shopbot切割大小可達24×18×5.5"，解析度可達0.00025"。

合理的價格考量

　　這臺雕刻機的價錢合不合理，端視個人觀點而定。如果你鎖定的是CNC雕刻機或開放原始碼的桌上型CNC銑床，那七千美元可能有點誇張。如果你比較的是工業用的機型，這個標價就顯得很合理，特別適合想追求專業的業餘人士。

　　這一款桌上型Shopbot硬體設計不俗，電線妥善規劃，用彈性材質固定至機臺；強力的步進馬達結合堅固的導螺桿，讓轉軸進行切割時也穩如泰山。

完善的使用者資源

　　ShopBot在CNC機種中之所以獨樹一格，很重要的一點就是支援系統做得很棒。除了提供課程、線上影片、文件、範例檔案和專題之外，還有電子報、使用者論壇、技術支援，甚至有「Dr. ShopBot」的wiki網站來診斷你碰到的問題。

結論

　　無論是對已經以手做為業的人（招牌、家具、櫥櫃等），或是想開始運用CNC加工的創業家，桌上型ShopBot都很容易入門。如果是想為學校或Makerspace買一臺CNC系列機器，那麼桌上型ShopBot也是方便使用、不佔空間的好選擇。

　　如果是用自家車庫當基地的Maker或業餘玩家，那桌上型ShopBot簡直是極品。的確可能有其他更便宜的機器適合你，但是可以擁有這麼完整的使用者資源，僅此一臺！

專業建議

為了維持最長使用年限，銑刀閒置超過3小時後，需要暖機10分鐘才能再次使用。聽起來有點麻煩，不過這10分鐘還是有很多事可以做。如果你沒耐心等待的話，就用鎢鋼銑刀替代吧，價格便宜許多，只是噪音頗大。

購買理由

如果你不僅在找有用又可靠的硬體，而且還希望有完整的CNC使用者資源可以支援，像是文件、客戶支援、課程、網路影片、論壇、**wiki**等等，就是這一臺了！

Kelly Egan

切割成品

Shopbot提供許多服務，從範例檔案、專題到技術支援應有盡有，還有「Dr. ShopBot」的wiki網站！

printrbot.com

Gunther Kirsch

製造商
Printrbot

測試時價格
1,499美元

最大成型尺寸
457×355×101mm

主機軟體
ChiliPeppr

CAM軟體
Fusion 360
（Printrbot專用軟體現正開發中）

韌體
TinyG

作業系統
Mac、Windows

專業建議

按下警急停止按鈕之後，機器就會鎖在靜止狀態。這樣的設計並不特別，但是這臺機器的靜止按鈕按下前後差別不大，因此，如果機器無法照常運作（尤其是剛開始安裝的時候），可以看看是不是警急按鈕的問題。

購買理由

這一款CNC不僅適合Maker、改造玩家，甚至連公司行號都可以應用。這臺機器安裝起來是大工程沒錯，不過這也代表它一定大有可為！而且，在這樣親民的價錢下，即使不經常使用也不會太虧。

切割成品

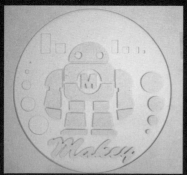

PRINTRBOT CNC

價格親民，規格介於桌上型CNC雕刻機與工業型CNC銑床之間
文：庫特‧哈默爾　譯：潘榮美

Printrbot本來就在3D列印場上佔有一席之地，現在他們準備用這一款Printrbot CNC堂堂走入CNC消費市場。機器外框、Y軸支架、車床都是用堅固的鋁鋼混合材質製成。雖然機器本身有點重，但是附有一支握把，需要的話，我單手扛起這頭65磅重的巨獸都沒有問題。

大智若愚的設計

這臺機器需要接線才能連上網路，一開始讓人不禁想皺眉頭。不過，經過一個週末的測試，我們開始發現這個設計的好處，當機器如火如荼地運轉時，我可以直接把筆記型電腦拿走，這是一開始沒有想到的好處。

在測試的時候，我們發現Printrbot CNC用的是一款網路版G-code傳送軟體ChiliPeppr，CAM軟體用的則是Fusion 360，據 Printrbot公司表示，這一切都是暫時的做法，他們自己的軟體已經在開發中了。

現在機器開著嗎？

Printrbot CNC的電子零件都妥善安裝在鋼製外殼裡，這麼做的缺點是不容易確認機器現在是開著還是關著，因為像是指示燈、風扇這一類零件也都藏在其中，不特別注意的話是找不到的。

結論

我們最喜歡的部分就是Printrbot機器本體的設計，不管是3D列印的集塵裝置（支援Shop-Vac吸塵管），還是設計精良的X軸支架（不管是步進馬達、傳送帶還是極限開關都保護得很好，不必擔心作業時各種意外），可動部分的設計讓人驚豔，可想而知是設計者嘔心瀝血之作。不要以為這只是CNC雕刻機，它真的可以上戰場立大功，不過它也不像CNC銑床這麼大、這麼貴，它價格親民，一般人也買得起。　◆

這不是一臺
CNC雕刻機
——這意味著要
動真格地工作

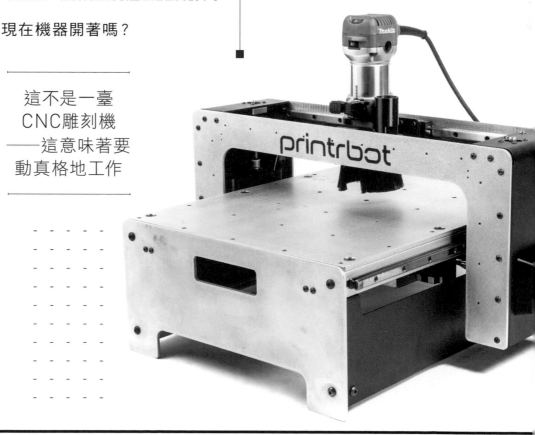

OTHERMILL

這臺小型切割機適合各種程度的使用者

文：賈許·阿吉瑪　譯：王修聿

機器評比

	0	1	2	3	4	5
使用方便性						
軟體操作容易度						
結構品質						
機動性						
必買指數						

製造商
Other Machine Co.

測試時價格
2,199美元

最大成型尺寸
140×114×35.5mm

主機軟體
Otherplan

CAM軟體
Otherplan。也能使用Fusion 360和MeshCAM等第三方軟體。

韌體
Othermill

作業系統
Mac

othermachine.co

Othermill顯然十分注重設計感，從包裝外箱上的圖示到細節設計都毫不馬虎，像是磁吸式側板和內嵌扳手架都頗具質感。另外附有時尚的白色塑膠（HDPE）外殼，其內嵌把手設計也讓攜帶更方便，家用商用皆宜。

開箱後即可使用

安裝作業非常簡單，從開箱到安裝好筒夾和軟體只消幾分鐘的時間。機臺的預設值適用於多種加工材料，我光靠預設值就成功雕銑了電路板、加工蠟、鋁、HDPE和樺木夾板。

Othermill運轉時比一般機型還來得安靜，只有在銑削鋁材時，機器才會變得比較大聲。可拆式側板方便廢材清理。安全設計包括完全密閉式設計，其中窗門若密閉不全便會自動斷電，側面也有緊急停止按鈕。

智慧型軟體

軟體Otherplan目前只適用於Mac平臺，有內建精靈會引導銑削操作，也有材料種類和檔案類型等智慧選項。更換鑽頭時所需的Z軸值自動歸零功能有極佳的精準度，遵循螢幕上的指示便能完成步驟。

Eagle軟體、Gerber格式、SVG格式和G-code的檔案都能直接匯入Otherplan。軟體的刀具路徑模擬器十分出色，能協助校正加工中心。單用SVG檔來切割是很簡單的，但當設計牽涉到多種切割深度和套疊鏤空圖樣，就會需要使用多個檔案。

結論

Othermill無論是擺在居家空間、辦公室、設計工作室和教室裡都適合。有的人可能會覺得機臺的尺寸過小，畢竟其他同等價位的Carvey和Nomad都比Othermill還大。由於安裝簡單、操作順手，加上軟體介面人性化，因此適合各種程度的使用者。●

專業建議

利用內附的校正器，來確保銑削位置精準度或是進行雙面銑削作業。在現有的材料上裁出一個適當大小的孔洞，自製一支雕銑小型工件的專用夾具，孔洞記得挖空，以便取下工件。

購買理由

Othermill的設計既小巧、安靜又安全，某些地方若無法容納過大或過吵的**CNC**切割機，此機臺便是首選。

> Othermill無論是擺在居家空間、辦公室、設計工作室和教室裡都適合。

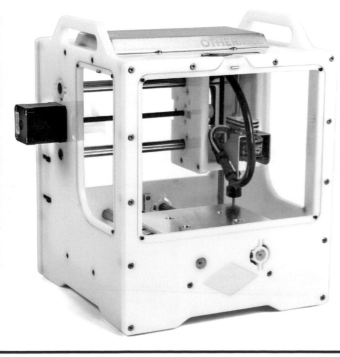

切割成品

Gunther Kirsch

機器評比

	0 1 2 3 4 5
使用方便性	
軟體操作容易度	
結構品質	
機動性	
必買指數	

製造商
Inventables

測試時價格
1,999美元

最大成型尺寸
300×200×70mm

主機軟體
Easel

CAM軟體
Easel

韌體
自製

作業系統
Mac、Windows

inventables.com

Inventables

專業建議

請就自己所知自由發揮。我們運用自己原本就會用的 **Eagle** 和 **Inkscape**，不到兩小時便建立出一套可重複使用的工作流程，並製作出好幾個我們引以為傲的電路板。

待上手後，再加快速度。先依建議選項設定 **Easel**，直到熟悉操作後，再按需求自訂功能。

購買理由

外型簡約大方，又有靜音設計（以上述條件來說價格合理），你的工作室一定擺得下！

切割成品

CARVEY

這臺工具機的設計簡約輕巧，能靜靜地製作出質感十足的成品。

文：克里斯‧耶埃　譯：王修聿

Carvey 是 Inventables 為桌上型 CNC 銑床市場推出的新機型，該公司先前尤以 Shapeoko 和 X-Carve 機型聞名。Carvey 是臺外觀極具設計感的桌上型機臺，大小約等同於辦公室桌上常見的中型事務機。

多功能及靜音設計

掀開 Carvey 的外蓋，就能充分運用機臺內部空間，此作業空間稍大於一般的文件紙，並有 2.75" 深。Carvey 配有運轉聲非常安靜的 DC 銑刀，用 ER-11 精密筒夾能裝上 ³⁄₆"、¹⁄₈" 和 ¹⁄₄" 的鑽頭。他們說雕刻機運轉時還能講電話，這可不是隨便說說的，雕刻機的密閉式外殼十分堅固，因此運轉聲小如桌扇。

Inventables 針對此機臺所主打的作業材質有木材、塑膠、蠟、泡沫塑料、非鐵金屬薄片以及 PCB，而我們每一種都做了些測試。我們的測試使用了多種 ¹⁄₈" 的鑽頭，發現即使調快轉速，也能得到很不錯的成品。

慢慢熟悉 Easel

Inventables 力推 Easel 實在是聰明之舉，此線上工具主要透過瀏覽器操作，算是十分新穎的雕刻軟體。無論是選擇材料或是銑削鑽頭的種類和尺寸，都能在簡單易瞭的選單上操作。搞錯步驟時，也會跳出貼心小提示。

結論

Carvey 能夠滿足設計師、學校和個人的需求，也適合一般想輕鬆試水溫的消費者。機臺尺寸算是我們見過偏小的了，欲製作標牌或家具等有大型作業需求者，可能會因此打消購買意願，但對多數使用者來說，這已足以應付大部分的中小型自造項目。

這臺桌上型工具機外觀簡約時尚，其運轉聲可說是小如桌扇。

ESSENTIAL END MILLS
FOR CNC MACHINING

CNC專用端銑刀

有了CNC銑床之後,接下來呢?這些好用的鑽頭在一般的初階專題都能派上用場。文:路易斯・羅德里奎茲 譯:王修聿

有了CNC銑床之後,你需要對的刀具。不過別隨便拿根老舊的鑽頭就想往筒夾裡塞。鑽頭是用來鑽東西的,或是縱向進給(向上或向下)。數控工具機一般都是使用端銑刀進行側面(橫向)切削。

端銑刀的切削表面稱作刃。常見的端銑刀有2至4刃。一般來説,刃數愈少,排屑量愈多,能避免鑽頭過熱;不過刃數愈多,雕刻品質愈精細。刃有4種基本類型,分別適用於不同材料和不同需求的精加工切削。鎢鋼或鎢鋼頭材質都很不錯,因為不像高速鋼(HSS)端銑刀那麼容易變鈍。

直刃銑刀

能滿足一般需求,在多種材料上也都能銑削出漂亮的邊緣。

上切和下切端銑刀

這種螺旋狀的直柄端銑刀會將切屑向上旋出或向下旋進零件。上切銑刀用於切削塑膠或鋁時,能避免鑽頭過熱,並快速排屑。但卻會同時磨損上緣,並且可能會使零件翹起來,因此最好用適合的工件固定。下切端銑刀能在薄板上切削出平滑的上緣,若零件輕薄,切削時記得固定好,若零件尺寸較大,最好避免使用固定接點。

欲修整高密度聚乙烯和壓克力塑膠等塑料的毛邊,會需要用到單刃空心端銑刀。

這種刃能防止端銑刀和零件因鑽頭過熱而沾黏損毀。

球頭端銑刀

這種圓頭的端銑刀非常適用於3D刀具路徑。若搭配粗銑刀來修整零件毛邊,能做出非常平滑的3D表面,若進行多道次加工尤佳。

V型端銑刀

60°和90°的V型鑽頭非常適合用來做V型槽加工,其中V型鑽頭尖端能深入縫隙切削,其寬大的底部則能切削出較大的形狀。V型鑽頭也能削出尖角,這是別種端銑刀因本身半徑不足所不能及的。

特殊端銑刀
複合式螺旋刀

這種鑽頭結合了上切和下切端銑刀的優點,能以全直徑多道次加工方式,在層夾板上切削出平滑的上下表面,並大幅減低銑削時間。

T型槽銑刀

這種鑽頭能快速處理桌面,其切削深度精準,能銑削出平滑的表面。◐

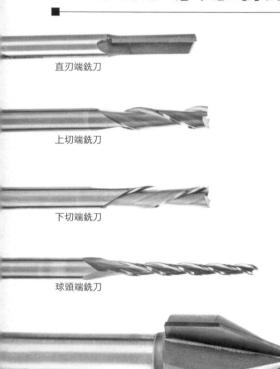

直刃端銑刀

上切端銑刀

下切端銑刀

球頭端銑刀

V型端銑刀

複合式螺旋刀

T型槽銑刀

直刃端銑刀

上切端銑刀

下切端銑刀

球頭端銑刀

V型端銑刀

LASER CUTTERS

雷射切割機

文：麥特·史特爾茲·凱西·赫爾特格倫 譯：謝明珊

Maker心目中的夢幻逸品，功能強、用途多、效率高，新手不可不知的二三事盡在本文

若Maker空間有什麼非買不可的工具，那就非雷射切割機莫屬了。一來高度精密，可做出兼具功能和美感的成品，二來用途廣泛，任何人都能把設計理念迅速付諸實現。

去參觀創意市集，絕對會見到雷射雕刻的首飾。手工藝品店也不乏雷射切割拼貼而成的作品。就連大賣場也免不了雷射切割產品，舉凡雷射切割窗簾布、節慶裝飾和設備等。

雷射切割機的厲害之處，在於高度精確切割各式材質。小型切割機和電腦割字機請見（P.80）的刀片，並無法穿透又硬又厚的材質，但對於雷射來說卻易如反掌。另一方面，CNC雕刻機也無法切割極度精細的圖案，比方雕刻英文字母V，外圈可來回切割出清晰的線條，但內側勉強只能用銑刀完成，反之雷射光束細，任何細節都不放過。

雷射切割零件早就見怪不怪。向量圖檔應用程式Inkscape，善用雷射外掛程式迅速完成專題外框。附有扣環和凹槽的雷射切割扣件，不論組裝或拆解皆很容易，完全無須黏著劑。事實上，少了雷射切割機，桌上型3D印表機也不會如此進步，例如MakerBot、Printrbot、SeeMeCNC、Ultimaker等許多公司，最早幾代3D印表機大多採用雷射切割零件。

如果你想要的是，能夠超越自我極限的工具，雷射切割機會為你帶來無限可能，但購買人生第一臺雷射切割機並不容易，尤其是有預算考量的時候。本文介紹三款雷射切割機供大家參考。

特製雷射切割燈籠，作者Luminetik Tek
www.etsy.com/ca/shop/LuminetikTek

雷射切割機專題：

CNC鑲板專題

如何利用 床或雷射切割機，來切割十字卡榫、T形卡榫、直角卡榫、螺帽式卡榫等？makezine.com/go/cnc-panel-joinery-2

DIY頑皮跳跳燈

非常適合做為第一個雷射切割專題：利用1/4"和1/8"壓克力，製作人見人愛的皮克斯動畫角色。makezine.com/go/laser-cut-pixar-luxo-lamp

Hep Svadja, Gregory Hayes

BUYING YOUR FIRST LASER CUTTER

選購第一臺雷射切割機

功能愈強大,費用愈昂貴,但下列三臺入門款包君滿意 文:麥特・史特爾茲、凱西・赫爾特格倫 譯:謝明珊

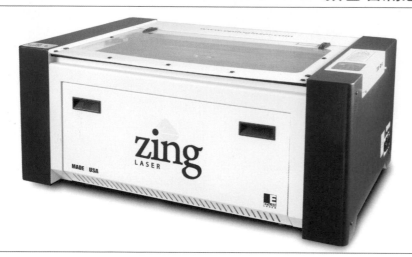

Epilog 雷射切割機

若你想要高品質且方便使用的雷射切割機,Epilog絕對是你的首選,它主要有兩大賣點:一是設計圖傳輸輕鬆而快速,二是Epilog的冷卻雷射管系統,比起其他廠牌的液體冷卻系統,運作起來更順利。不過,這些便利可要付出代價,他們最便宜的Zing系列,30瓦特、16"×12"就快要8,000美元。

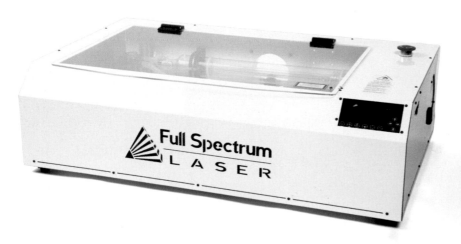

Full Spectrum 雷射切割機

這家公司最早是引進中國雷射技術加以改良,重新包裝後在美國販售。後來為了提升可靠性和便利性,決定自行研發雷射切割技術,進而推出H系列,為了降低成本,決定省略可調式切割平臺,但使用者必須自行移動透鏡組來調整雷射的焦點。H系列的軟體有所升級,定價3,499美元還滿划算的。

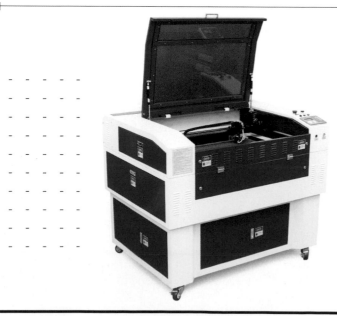

進口機型

其他國家出產的雷射切割機也大受歡迎,小有名氣。如果你預算有限,或者想花最少的錢達到最大的效果,不妨考慮這些雷射切割機,eBay甚至有400美元的價格,但也有1,000美元以上的機種,端視你所要求的機型和軟體而定。事到如今,你還不如忘了輻射冷卻器的沉水馬達,直接更新通風設備還比較實在。這些機型所附贈的軟體不會好到哪去,姑且忍耐一下吧!畢竟可以省下不少錢。

Gunther Kirsch

Make:
超簡單
機器人動手做

Making Simple Robots :
Explore Cutting-Edge Robotics
With Everyday Stuff

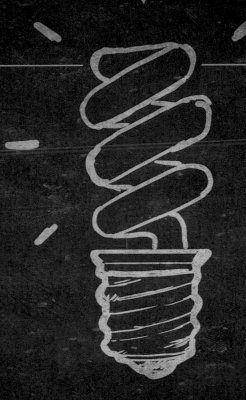

在《超簡單機器人動手做》當中，
我們會一同打造：

▶紙質致動裝置 機器人
▶可壓縮式張力整合機器人
▶「輪足」機器人Wheg
▶集體行動的滑行震動機器人
▶超級太陽能震動BEAM機器人
▶littleBits繪圖儀，用麥克筆當畫家
▶用Arduino做電子織品機器人FiberBot

任何人都可以做出機器人、
任何東西都可以做成機器人喔！

馥林文化 8月出版

WHY YOU NEED A VINYL CUTTER

為什麼你需要電腦割字機？

歡迎光臨割字的世界，對它一無所知，卻又難以抗拒

文：馬修・葛利分　譯：謝明珊

My Other Computer
Is a Robot

所有數位製造工具中，以切割機最深入消費市場，這都要感謝歐普、瑪莎・史都華（Martha Stewart）的大力推廣以及上千上萬的Etsy創作者。

這不只可以製作大賣場販售的聖誕節裝飾。塑膠殼內接受電腦控制的工藝機器人，還懂得按照控制軟體所發出的向量圖檔設定路徑，來操控選定的工具（大多是刀具）完成切割，你彷彿看見某些3D印表機的影子，但這絕對不是巧合，桌上型擠出式3D印表機的設計靈感，正是來自電腦割字機。

這類工具隨著使用目的不同，而有各式各樣的名稱，但是「割字機」、「電腦割字機」都是最通用的名稱。挑選割字機不要只看速度、力道及價位，也要看驅動馬達、軌跡追蹤功能、形狀係數（小型切割機或滾筒式切割機）以及個人用途。本文介紹的三種機器皆應用廣泛，從貼紙、標籤到泡棉板原型，再到PCB電路製作皆宜。與其購買現成的裝飾貼紙，不如直接開啟通往切割機的大門，彈指之間讓多項需求一次獲得滿足。✪

Photo by Hep Svadja, sticker design by Caleb Kraft

切割貼紙專題：

以塑膠模板完成絲網列印

自製絲網列印T恤和海報，電腦割字機專題的首選
makezine.com/go/vinyl-silk-screen-printing

以電腦割字機蝕刻電路

只要完美的「抗蝕」圖案，輕輕鬆鬆蝕刻銅製電路板
makezine.com/go/vinyl-cut-pcb-resist

製造商
Silhouette America
測試時價格
299美元
最大切割範圍
無滾筒：305×305mm
有滾筒：305×3,048mm
最大材料厚度
0.8mm
最大切割力道 210g
切割平臺 透過切割墊或
滾筒送紙
材料
傳熱材質、紙卡、照片紙、
影印紙、水鑽模板、布料等
刀片 專利刀片（也有布用
刀頭）
素描筆 專利筆
（筆桿可另外購買）
網路共享
不可
（透過USB隨身碟傳輸檔案）
內建控制器
數位觸控式螢幕，可監控和執
行裝置
主機軟體 Silhouette Studio
作業系統
Mac、Windows
選配配件
數種，列於Silhouette的
網站上

專業建議

Silhouette內的切割墊
帶有粘性，為了避免破壞
紙材的底層，不妨先以柔
軟老舊的枕頭或床單壓
過。

Cameo的送紙方式不需
要另外的切割墊或保護
墊，也可以切割背面有貼
紙的卡典西德紙。

若需要完成更精細的切
割專題，使用者必須從
Silhouette Studio升級
為設計師版本或第三方的
軟體，例如**Sure Cuts A
Lot Pro**。

購買理由

Cameo系列又快、又準、
又多功能，是少數能夠
完整切割**12"×12"**紙張
的桌上型切割器，有了滾
筒送紙功能的加持，甚至
能列印**10'**的狹長設計作
品。

SILHOUETTE CAMEO

Silhouette的Cameo系列割字機

紙製電路和紙藝品的首選 文：馬修‧葛利分 譯：謝明珊

**Silhouette旗艦機Cameo系列，自從2011
年推出以來，** 大受Maker、紙藝師和fablab的歡
迎。最新版本的品質值得信賴，也方便使用，還
增添不少新功能，例如觸控式螢幕和自動裁切，
使用者也可以選配滾筒，極大化最大切割長度。

不再是紙藝師的專利

小型割字機人多針對剪貼、字母雕刻和居家
藝品。Silhouette確實提供了形形色色的設計
圖案，但經過設計師版本軟體升級後，使用者
甚至能導入自己的設計，以及天馬行空的想像，
Maker因此完成不少驚人之作，從電路板蝕刻到
摺紙在所多有，這也難怪大家都盛傳Silhouette
對Maker很友善。

Cameo系列推出至今沒什麼大更新，但2014
年那一波系統更新，引進一些實用的新功能，大
面板觸控式螢幕取代了按鍵，切割工作從此變得
更容易，還能獨立協調各項專題。收納區存放備

用刀片（儘量多準備一些，因為那是專利刀片，
又很容易損耗），韌體更新則增加使用者介面功
能。

令人刮目相看

Cameo系列機型的背面，有一道橫切工具的專
用凹槽，方便滾筒作用，直接裁切紙樣。Cameo
內部則有鋼彈簧滾筒，走紙能力強大；至於校準
標記則可應付各種加工，就算沒有切割墊也沒關
係。

剪貼愛好者喜歡先印好12"×12"標準散裝紙，
而Cameo適用於12"膠卷以及A3和A4紙張，
甚或3D紙藝和摺紙等專題。

結論

無論可愛的賀卡，或是複雜的電路板，Cameo
都能讓新手輕鬆駕馭，也讓老手難以抗拒。🅐

> 設計師版本軟體升級後，
> 使用者甚至能導入自己的設計，
> 以及天馬行空的想像。

silhouetteamerica.com

MH871-MK2 文：馬修・葛利分　譯：謝明珊

以桌上型的價格，購入大型電腦割字機

滾筒割字機大多所費不貲，超出Maker的預算，只有專業廣告公司才下得了手。 不過，若你願意勉強接受USCutter的MH系列，也可以完成俐落的切割，不僅價格親民多了，功能也比小型割字機專業。不過還是比專業機型操作麻煩，所以話說「量入為出」，但也要「量力而為」。

官方宣稱，這款切割機只限個人電腦使用，但Mac只要用第三方USB連接系列硬體和SCAL Pro也可以使用。

結論

一旦Maker願意放下成見，開始認識這款切割機並駕馭其壓送滾筒，可能會發現它的多才多藝：一來這臺業餘機型所切割的小東西，精緻度不輸專業級桌上型割字機，二來可以切割大型物品，品質也不輸昂貴的商用切割機。◐

製造商　USCutter
測試時價格　290美元
最大切割範圍　寬度780mm×滾筒長度
最大材料厚度　1mm
最大切割力道　600g
切割平臺　滾筒送紙
材料　塑膠、紙卡、百變面具、傳熱材質
刀片　刀頭和割刀凹槽各一
素描筆　原子筆（可換成其他筆）
網路共享　可，需要USB
內建控制器　有，可調整速度和力道，也可設定校準點
主機軟體　Sure Cuts A Lot Pro
作業系統　僅限Windows
選配件　支架

專業建議

為了避免皺摺、變形或撕毀，不妨調整鬆緊度和壓送滾筒的位置。
試著設定切割模式的項目，從最佳位置開始裁切。
塑膠材料的品質和類型，對於機器的掌握度影響很大。

購買理由

這臺堅固耐用的業餘電腦割字機，價格跟桌上型的差不多，不僅切割範圍更長，最大切割厚度也更厚。

uscutter.com

PORTRAIT 文：馬修・葛利分　譯：謝明珊

容易攜帶且價格合理

Portrait切割機容易操作，頂級功能不亞於Cameo系列（請見P.81），但少了LCD顯示螢幕和USB插槽，因此價格親民不少，體積也比較小，滾筒可自行選配，最大切割長度跟Cameo系列差不多，至於最大寬度就差了點，適用材質也不輸Cameo，精準度和力道也很高，總重量竟只有3.5磅，放進手提袋也不嫌重。只不過，切割區不到22cm×28cm，這可是天大的侷限，操作上也很依賴筆記型電腦，恐怕不適合團體或班級共同使用。

結論

若你主要處理小專題，或者會分批製作大專題，Portrait切割區對你來說應該綽綽有餘，無論是筆電機殼貼花、刺青貼紙或壁貼皆可製作。如果借助設計師版本的Silhouette Studio軟體，或者第三方軟體例如SCAL Pro或Make the Cut，這款平價機型也能準確切割原創設計圖，不像其他入門款只適用廠商提供的圖案。◐

製造商　Silhouette America
測試時價格　199美元
最大切割範圍
無滾筒：203×305mm
有滾筒：203×3,048mm
最大材料厚度　0.8mm
最大切割力道　210g
切割平臺　切割墊或滾筒送紙
材料　塑膠、傳熱材質、紙卡、照片紙、影印紙、水鑽模板、布料等
刀片　專利刀片（也有布用刀頭）
素描筆　專利筆（筆桿可另外購買）
網路共享　可，需要USB
內建控制器　驅動並輸出切割墊和材料
主機軟體　Silhouette Studio
作業系統　Mac、Windows
選配件　數種，列於Silhouette的網站上

專業建議

升級到**Designer Edition**或第三方的工具，可支援更多種檔案格式和軟體，也就能善用**Portrait**狹小的切割範圍。
標誌和橫幅等狹長設計，可切割長達**10呎**（必須夠細緻！）

購買理由

這幾乎保留Cameo的大多數功能，價格卻比較低，很適合小型割字機的愛好者（方便攜帶，不用的時候亦輕鬆收納）。

silhouetteamerica.com

Gunther Kirsch

ONES TO WATCH

玩家必備
這些時髦機型可望改變3D列印的世界
文：迦勒・卡拉夫　譯：謝明珊

3D塑膠列印再也不值得大驚小怪，現在流行其他有趣的新材料或混合多種材料，有的為列印成品增添功能性，有的則是採用全新的列印技術，例如即將問世的粉末熔融技術就值得期待。下列機款不久就會為大家服務。

SINTERIT ❶ 即將推出桌上型SLS印表機，有別於以往的熔融沉積成型（FDM），是利用雷射把粉末燒結成物品，定價5,000美元以下，可望吸引口袋深且要求品質的買家。

CARBON3D ❷ 印表機採用樹脂材料，以「連續列印」技術掀起風潮，列印速度快，完全看不出積層，由於紫外線極速固化樹脂，據說比目前SLA印表機快上25～100倍，可望改變製造業印表機的用途。

3D列印成品幾乎都不夠堅固，無法做為工業之用，尤其難以兼顧耐用和輕盈。**MARKFORGED** ❸ 融入碳複合材料，讓3D列印零件承壓力不亞於金屬。這臺印表機還有一項賣點，讓你就算沒有銑床也做得出功能性零件。

VOXEL8 ❹ 不甘於只列印被動的零件，轉而採用導電性材料，把電路直接藏在列印成品內部，而後安裝電子零件就算大功告成，看來要列印整輛電動車並非癡人說夢了。

配件　文：麥特・史特爾茲　譯：謝明珊

當3D列印愛好者都擁有自己的印表機（甚至有2～5臺），你還可以賣給他什麼？那就一些絕妙的配件吧！

DISCOV3RY膏狀材料擠出器
379美元
STRUCTUR3D.IO/DISCOV3RY-PRODUCTS/DISCOV3RY

3D印表機能擠出愈多種材料，就會愈有用。Structur3D所推出的Discov3ry擠出器，讓膏狀材料更容易列印。只要把擠出器馬達的接頭，移到Discov3ry的馬達上，順便把噴嘴置於熱端噴嘴旁邊。任何宛如柔順花生醬的材料，都有辦法擠出來，例如矽膠和稀釋黏土，就連榛果可可醬也不放過。

MATTERCONTROL 觸控平板
299美元
MATTERHACKERS.COM/STORE/PRINTER-ACCESSORIES/MATTERCONTROL-TOUCH

我們有很多方法可以控制3D印表機：USB接到電腦、內建控制器或Raspberry Pi等。MatterControl觸控平板屬於Android系統，內建3D印表機控制器，裡面預先灌了MatterControl軟體，不僅能夠從平板控制3D印表機，還能切層你的STL檔案，從熱門檔案分享網站無線下載檔案，或跟Dropbox或Google Drive同步，堪稱可攜式印表機的神器啊！

PRINTINZ ZEBRA列印平臺
13美元起
PRINTINZ.COM/ZEBRA-PLATES

把列印半成品固定在平臺上很重要，但完成之後也要容易拿取，Zebra列印平臺可取代玻璃板或壓克力板，有一個絕佳的附著表面。等到列印完成需要移除時，只要彎曲列印平臺，列印成品就會自動脫落。Zebra列印平臺內建彈簧鋼襯裡，隨時維持高度感測器運轉，加上平臺可彎曲，會自動回復原本的形狀。

PROTO PASTA 耐磨噴嘴
14.99美元
PROTO-PASTA.COM/COLLECTIONS/RETAIL/PRODUCTS/PLATED-BRASS-WEAR-RESISTANT-NOZZLES

除了塑膠之外，市面上出現不少絕佳的線材，為3D列印增添不少新意，其中大多數新材料（例如碳纖維、鋼、銅等）都會磨損噴嘴，但只要採用Proto Pasta耐磨噴嘴就不用擔心了。

製造商，聽好了：

我們詢問專業評論家，他們希望3D印表機哪些創新功能成為常態，寶貴意見彙整如下：

賈許・阿吉瑪：「偵測線材直徑、擠出寬度、擠出量和空隙。」

史賓賽・札瓦斯基、克勞蒂雅・NG：「偵測線材和通知線材堵塞。」

馬修・葛利分：「讓印表機成為網路裝置，能透過主機應用程式運轉，再也不用跟筆電綁在一起。」

庫特・哈默爾：「把Wi-Fi和藍牙變成業界標準。」

克里斯・耶埃：「自動網路進度更新。」

山繆・柏尼爾：「更容易熔解的補強材料。」

珊蒂・坎貝爾：「更容易取得和更換的擠出器或噴嘴。」

克里斯・耶埃：「劇烈增溫緊急切斷閥。」

尚恩・格蘭姆斯：「自動調整平臺高度。」

機器人雜誌
ROBOCON MAGAZINE

3D
FABRICATOR
QUICK GUIDE

3D數位加工機具快速指南

來自《MAKE》雜誌的
最佳機具測試與評比

THE BEST FDM 3D PRINTERS
最佳FDM 3D印表機
為設計師、教師、工匠與工程師設計,這些將是教室中最出色的機具。

整體評比最佳 總得分最高的機型

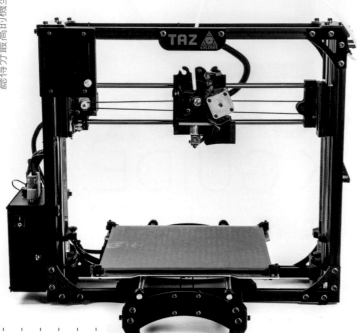

1ST: TAZ

35
總得分

LulzBot承諾
他們的第五代Taz
將在工程上有良好
的表現。

2ND:
ZORTRAX
M200

34
總得分

如果您關心3D
列印件多於列印
的過程,您一定
要看看Zortrax
M200。

3RD:
ROSTOCK MAX

33
總得分

想要列印大又美麗的
物件?來一臺不會讓
您破產的Rostock
Max吧。

最佳性價比 最物超所值的機型

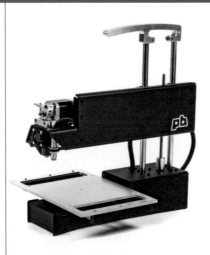

1ST: ROSTOCK MAX
具有極大的列印空間與極便宜的套件
價格讓它成為值得購買的機款。

2ND: PRINTRBOT SIMPLE
便宜的價格與可擴充性。這絕對是剛入
門3D印表機的首選。

3RD: PRINTRBOT PLAY
良好的列印成果卻只要399美元。
這還需要多說嗎?

Gunther Kirsch, Kelly Egan

最佳學校用機
兼具安全性與易於使用的優點

1ST: PRINTRBOT PLAY
便宜與安全的設計,讓Play成為學生與教師的最佳機具首選。

2ND: UP BOX
全封閉、良好的安全性與簡便的操作方式使它成為教室中的首選。

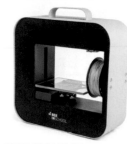

3RD: BEEINSCHOOL
這是款專為學校打造的堅固機具,並且有教育優惠價。

最佳可攜性
便於攜帶或省空間的機型

1ST: SIMPLE
依舊是最佳的入門印表機。現在更添加了把手,讓它成為一臺很棒的可攜式機具。

2ND: ULTIMAKER GO
出貨時的泡棉可當作提盒,讓它隨時都能帶著走。

3RD: PRINTRBOT PLAY
小型、輕量,PLAY是一款極方便移動的機型。

最佳開放原始碼
3D列印的源頭與未來

1ST: TAZ
LulzBot持續使Taz變得更優良,同時保持它的開放原始碼根本。

2ND: ROSTOCK MAX
大列印範圍、良好的列印品質與開放原始碼——3D印表機三連擊。

3RD: ULTIMAKER GO/EXTENDED
Ultimaker帶來具備良好設計與美感的機款,但您依舊能按照自己喜好進行改裝。

最佳大型機
用來列印大型物件的最合適選擇

1ST: ULTIMAKER EXTENDED
Ultimaker Extended提供您極大的列印範圍,同時不縮減您的桌面空間。

2ND: ROSTOCK MAX
如果您想要列印極高的物件,這將會是您的最佳選擇。

3RD: TAZ
兼具大與美的列印成果——如果您有足夠的桌面空間的話

NOTABLE CNC MILLS

值得關注的CNC工具機

最值得用在您的切割、雕刻專題中的大、中、小型CNC工具機。

最佳大型機 準備好切出您下一個 家具零件的大型工具機

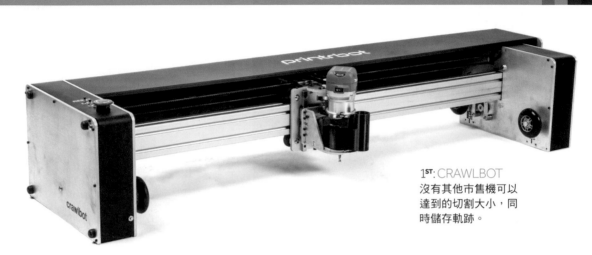

1ST: CRAWLBOT
沒有其他市售機可以達到的切割大小，同時儲存軌跡。

2ND: X-CARVE 1,000MM
這是一款大小適中的機器，如果您沒有空間可以切一整面物件的話。

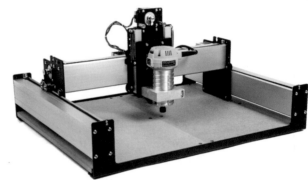

3RD: SHAPEOKO 3
感謝堅硬的鋼骨結構，它在拆箱後能輕易地組裝成合適大小。

最佳中尺寸機 最佳的玩家工具機，可以讓您完成許許多多的專題，並帶您進入CNC的世界

1ST: SHOPBOT DESKTOP
具良好設計且容易使用的多用途機型，前提是您必須先買得下手。

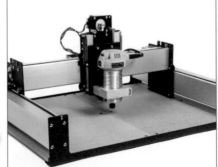

2ND: SHAPEOKO 3
簡單、堅固且符合您所想像的CNC工具機。

3RD: PRINTRBOT CNC
Printrbot團隊為CNC製作帶來了這臺堅固的怪獸。

Gunther Kirsch, Kelly Egan

最佳桌上型CNC

PCB板、模板切割都可一鍵操作的桌上型多用途機型

1ST: NOMAD 883

外觀看起來像是竹片的外殼，但且有著極佳的滑軌系統，讓這臺機器發揮良好的效果。

2ND: CARVEY

安靜且容易使用，完美的桌面工具機。

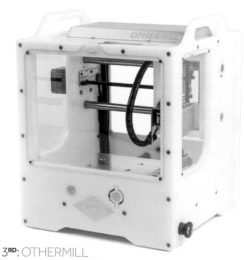

3RD: OTHERMILL

如果您在尋找極易攜帶的工具機，OTHERMILL將是您的最佳選擇。

光固化3D印表機最佳選擇

縱然可以選擇的種類愈來愈多，但這兩款機型在此領域依舊無人匹敵。

1ST: FORM 2

大列印範圍、自動填充樹脂、可換開源樹脂且可連接**Wi-Fi**──這幾件小事讓**Form 2**成為光固化印表機的最佳選擇。

2ND: LITTLERP

如果您有興趣且打算入手光固化印表機，**LittleRP**是一款便宜且容易製作的套件機。打開您的**DLP**家庭投影機，然後在休息的同時進行列印吧。

BY THE NUMBERS

分數評比 同時進行分數與機器規格評比。

沒有一臺機器能為每個人做好每件事情，透過這些圖表來協助您找尋合適的桌上型數位加工機具（分數以《MAKE》英文版 **Vol.48** 評測結果為基礎）。

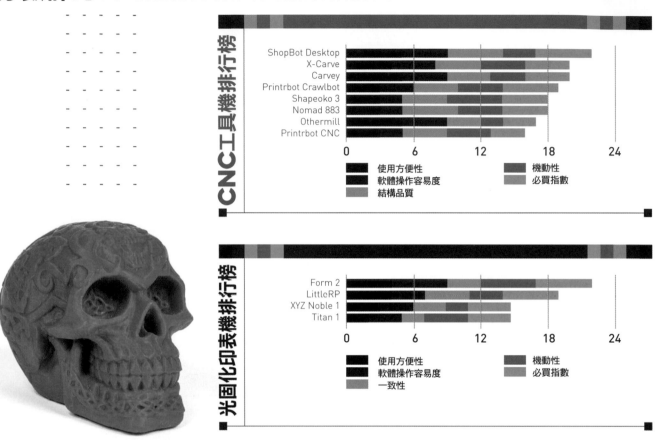

CNC工具機排行榜

ShopBot Desktop
X-Carve
Carvey
Printrbot Crawlbot
Shapeoko 3
Nomad 883
Othermill
Printrbot CNC

0　6　12　18　24

■ 使用方便性　■ 機動性
■ 軟體操作容易度　■ 必買指數
■ 結構品質

光固化印表機排行榜

Form 2
LittleRP
XYZ Noble 1
Titan 1

0　6　12　18　24

■ 使用方便性　■ 機動性
■ 軟體操作容易度　■ 必買指數
■ 一致性

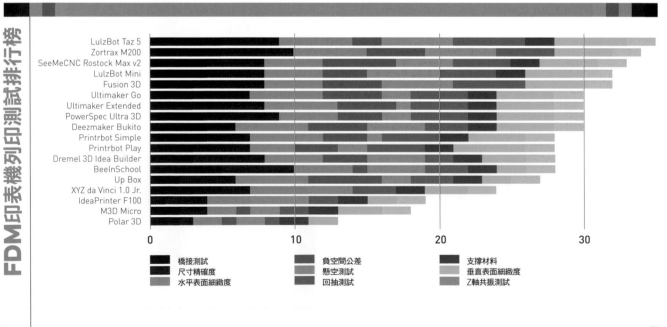

FDM印表機列印測試排行榜

LulzBot Taz 5
Zortrax M200
SeeMeCNC Rostock Max v2
LulzBot Mini
Fusion 3D
Ultimaker Go
Ultimaker Extended
PowerSpec Ultra 3D
Deezmaker Bukito
Printrbot Simple
Printrbot Play
Dremel 3D Idea Builder
BeeInSchool
Up Box
XYZ da Vinci 1.0 Jr.
IdeaPrinter F100
M3D Micro
Polar 3D

0　10　20　30

■ 橋接測試　■ 負空間公差　■ 支撐材料
■ 尺寸精確度　■ 懸空測試　■ 垂直表面細緻度
■ 水平表面細緻度　■ 回抽測試　■ Z軸共振測試

Hep Svadja

FDM印表機比較表

機款	Taz 5	M200	Rostock Max v2	LulzBot Mini	F306	Ultimaker 2 Go	Ultimaker 2 Extended	PowerSpec Ultra	Bukito
製造商	LulzBot	Zortrax	SeeMeCNC	LulzBot	Fusion3	Ultimaker	Ultimaker	Micro Center	Deezmaker
價格	$2,200	$2,000	$999	$1,350	$3,975	$1,335	$2,788	$799	$849
列印範圍	298×275×250mm	200×200×180mm	280mm dia.× 375mm	152×152×158mm	306×306×306mm	120×120×115mm	223×223×305mm	229×150×150mm	125×150×125mm
開放線材	Yes	No	Yes	Yes	Yes	Yes	Yes	Yes	Yes
列印平臺類型	加熱鏡面玻璃板與玻璃纖維板	加熱洞洞板	加熱玻璃板	加熱鏡面玻璃板與玻璃纖維板	加熱鏡面玻璃板	未加熱玻璃板	加熱玻璃板	加熱塑膠板	未加熱壓克力板
無列印限制	Yes	Yes	Yes	No	Yes	Yes	Yes	Yes	Yes
開放原始碼	Yes	No	Yes	Yes	No	Yes	Yes	No	No
總分	35	34	33	32	32	30	30	30	30

機款	Simple	Play	3D Idea Builder	BeeInSchool	Up Box	da Vinci 1.0 Jr.	IdeaPrinter F100	Micro	Polar 3D
製造商	Printrbot	Printrbot	Dremel	BeeVeryCreative	3D Printing Systems	XYZprinting	Fusion Tech	M3D	Polar 3D
價格	$599	$399	$999	$1,647	$1,899	$349	$1,200	$349	$799
列印範圍	150×150×150mm	100×100×130mm	230×150×140mm	190×135×125mm	255×255×205mm	150×150×150mm	305×205×175mm	109×113×116mm	203mm dia.× 152mm
開放線材	Yes	Yes	No	Yes	No	No	Yes	Yes	Yes
列印平臺類型	未加熱鋁版	未加熱鋁版	未加熱BuildTak貼紙	未加熱壓克力板	加熱洞洞板	未加熱玻璃板與特製膠帶	未加熱壓克力板	未加熱BuildTak貼紙	未加熱玻璃板
無列印限制	Yes	Yes	Yes（在開始列印之後）	Yes	Yes	Yes	Yes	No	Yes
開放原始碼	Yes	Yes	No	No	No	No	No	No	No
總分	28	28	28	28	27	24	19	18	13

光固化印表機比較表

機款	Form 2	LittleRP	Nobel 1.0	Titan 1
製造商	Formlabs	LittleRP	XYZprinting	Kudo3D
價格	$3,499	$599	$1,499	$3,208
列印範圍	145×145×175mm	60×40×100mm	128×128×200mm	192×108×243mm
類型	SLA	DLP	SLA	DLP
開放樹脂	Yes	Yes	No	Yes
沒有列印限制	Yes	No	Yes	No

CNC工具機比較表

機款	ShopBot Desktop	X-Carve	Carvey	Crawlbot	Shapeoko3	Nomad 883	Othermill	Printrbot CNC
製造商	ShopBot	Inventables	Inventables	Printrbot	Carbide 3D	Carbide 3D	Other Machine Co.	Printrbot
價格	$7,330	$1,157	$1,999	$3,999	$999	$2,599	$2,199	$1,499
加工範圍	610×457×140mm	300×300×65mm	300×300×70mm	48×96×2in	425×425×75mm	203×203×76mm	140×114×35.5mm	457×355×101mm
CAM軟體	VCarve Pro	Easel	Easel	Fusion360 或 Printrbot Software	MeshCam	MeshCam	Otherplan	Fusion360

GIFT GUIDE

為好友精心挑選的
工具和玩具 譯：黃涵君

我們 挑選了一些適合Maker的禮
物，從最棒的吸錫器到快速的第
一視（FPV）角無人飛行。上網找尋更多創意和目
錄：makezine.com/go/2015-gift-guide

3D ROBOTICS SOLO

1,400美元：
3DROBOTICS.COM
3D Robotic最新的四軸飛行
器，擁有Linux雙核心處理器，
聰明俐落，針對拍攝特別設
計，操作簡單。它是第一臺可
在雲臺安裝GoPro的空拍機，
用發射器就可以遙控攝影機。
（套件不包含攝影機，詳情請
洽下方）

DJI PHANTOM 3 PRO

1,259美元：DJI.COM
Phantom 3 Pro小巧又穩
定，飛行平臺下還設置了高畫
質的攝影機，再加上令人驚異
的簡單操作方法，這些優點讓
Phantom四軸飛行器成為最
常在空中看到的飛行載具。

Hep Svadja

3DFLY FPV 飛行器套件

110美元：
MAKERSHED.COM
從3D列印競賽用四軸飛行載
具起家，HOVERSHIP針對熱
衷FPV飛行的玩家，推出多
樣商品。新款的3DFly是微
型的競賽機，最適合環繞房
子或公園的飛行。

54件鑽頭組合

25美元：MAKERSHED.COM
面對現實吧！若你喜歡無人飛行載
具，會有一堆修理工作等著你。這
組珍貴的鑽頭組合無所不包，將會
是你的救星。

GOPRO HERO4 BLACK

500美元：
GOPRO.COM
雖然一些無人飛行載
具的Maker會使用自
己的攝影機，GoPro
Hero4 Black仍在
運動攝影機中佔據
領導地位，小巧又輕
量又可拍攝最高品質的影
片。GoPro新的Session
攝影機（300美元）雖然
更小，但Hero還是捕捉飛
行畫面時最棒的機器。

TENENRGY TB-6B 50W平衡充電器

40美元：TENERGY.COM
過去數年，許多航空愛好者採用鋰電池，以便獲得空運的高功率重量比。然而鋰電池在充
電方面較為講究，使用TB-6B來避免過充，可以保持電池平衡。

文：麥克・賽納斯

DRONES 無人飛行載具

makezine.com/go/gift-guide-2015

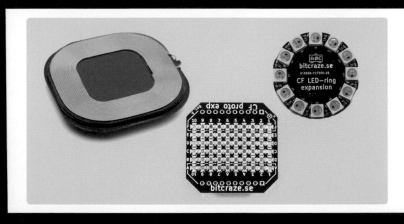

GIFT GUIDE THE BEST TOOLS AND TOYS FOR THE ONES YOU LOVE

WESTCOTT不沾黏鈦銳利剪刀

8-18美元：
WESTCOTTBRAND.COM

不是每支剪刀都一樣，如果你時常需要剪東西，最好因應不同的材料挑選適合的剪刀，不過這樣非常麻煩。如果只想要一把剪刀，不沾黏鈦銳利會是很好的選擇，刀口常保銳利、乾淨。

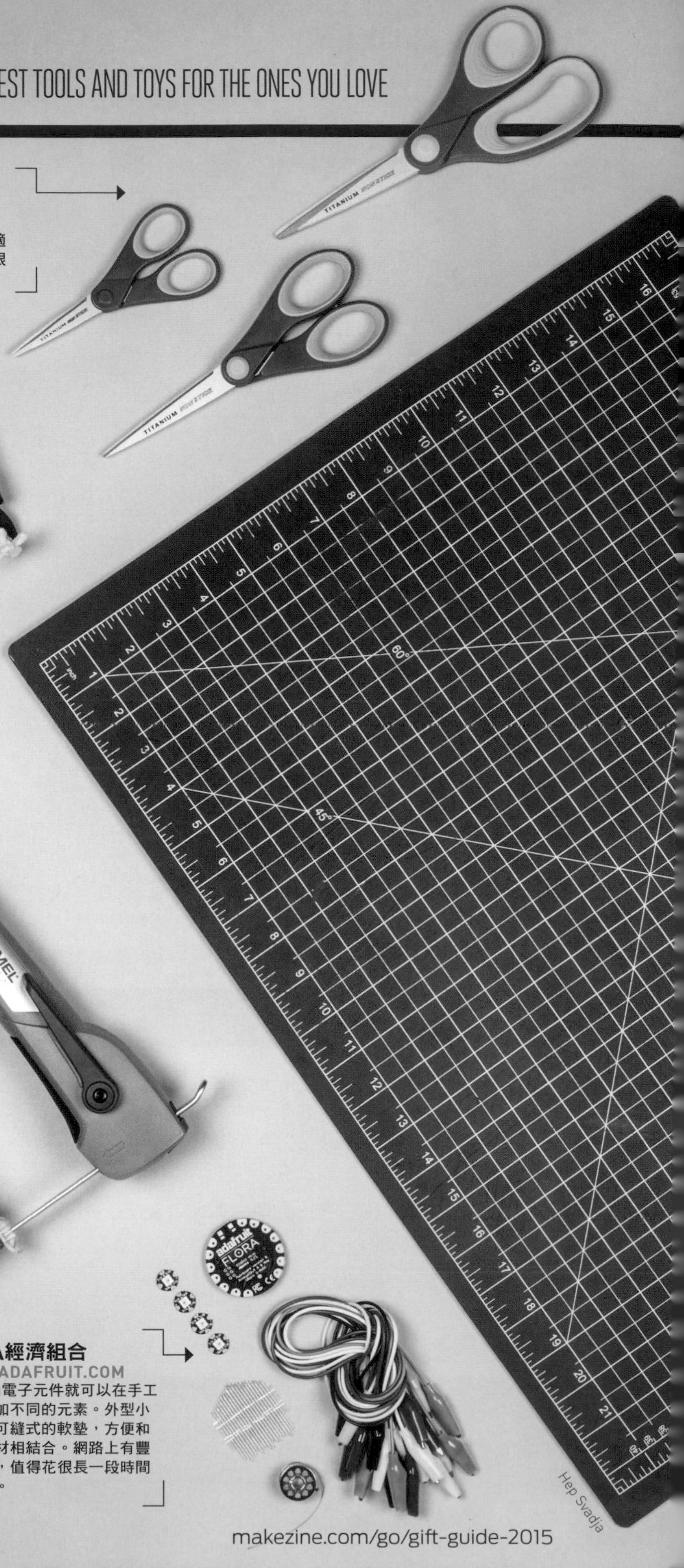

手縫針線貓頭鷹材料包

20美元：MAKERSHED.COM

裁縫新手嗎？這個可愛的貓頭鷹組合包可以用來鍛鍊你的技巧。所有你需要的材料都在盒子了，只要照著指示做，非常簡易。讓這個可愛的貓頭鷹成為你的跳板，進入手工填充動物的世界吧！

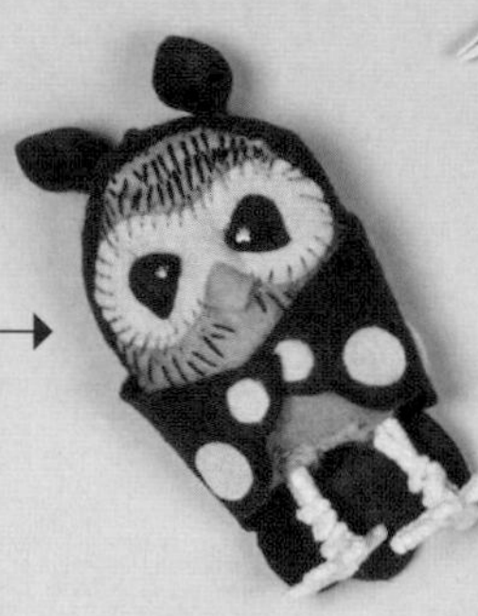

DAHLE不留割痕切割墊

12-120美元，價錢依照尺寸不同：
DAHLE.COM

好的工作平面對製作專題時非常重要。就算沒有要切割任何物品，也非常適合在一塊不留割痕的切割墊上工作。印製在墊上的格線以及良好的觸感可以讓使用者在工作上保持專心。它的表面也不會像其他墊子的表面一樣將你的刀子弄鈍。

DREMEL電鋸

75美元：DREMEL.
COM

Dremel是具有無與倫比多功能的典型Maker工具。不管你是要切割木頭、纖維板或是薄金屬，這把電鋸都可以通通搞定。

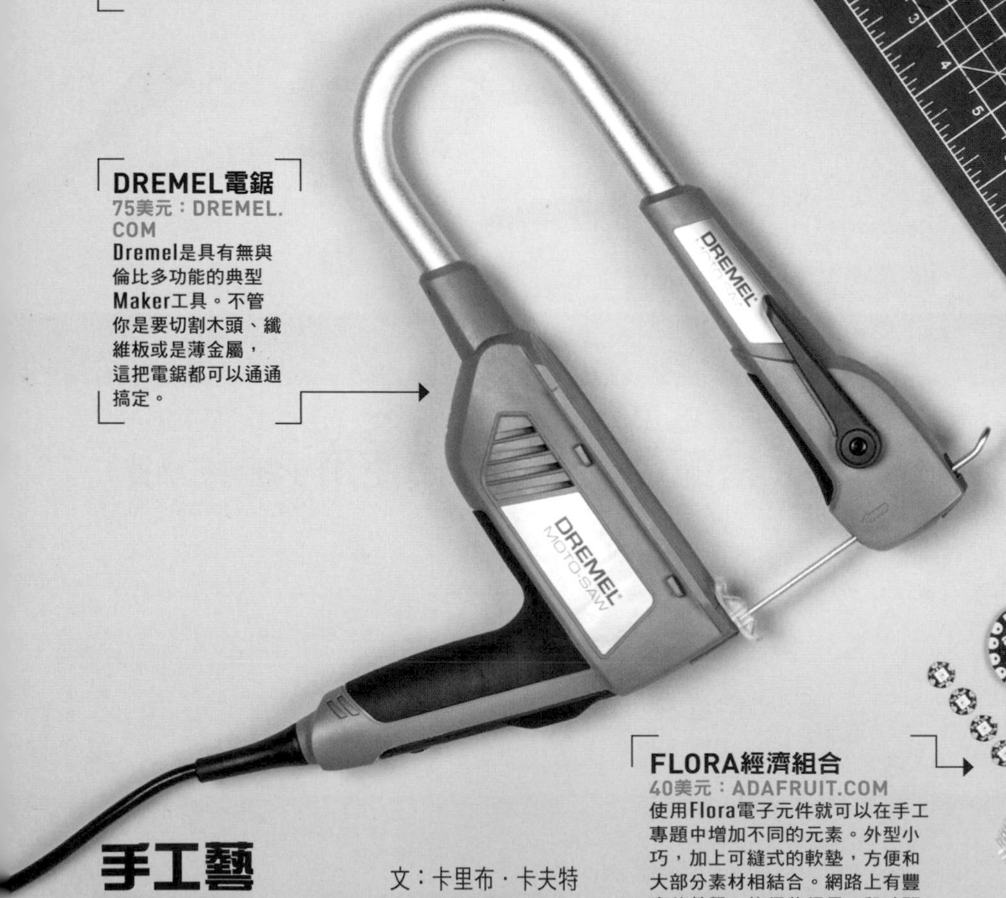

FLORA經濟組合

40美元：ADAFRUIT.COM

使用Flora電子元件就可以在手工專題中增加不同的元素。外型小巧，加上可縫式的軟墊，方便和大部分素材相結合。網路上有豐富的教學，值得花很長一段時間好好研究。

手工藝 CRAFT

文：卡里布．卡夫特

Hep Svadja

makezine.com/go/gift-guide-2015

如何製作穿戴式電子裝置：

設計、製作、穿上自己做的互動裝置吧

凱特・哈特曼

580元　馥林文化

　　想像你的衣服能依照你的皮膚顏色變換色調、對你加速的心跳做出反應、鞋子可以變化高度、夾克可以顯示下一班巴士抵達的時間。歡迎來到穿戴式裝置的世界！

　　身體是我們與世界接觸的媒介，因此身上穿戴的互動式電子產品比其它產品更直接、更緊密。我們身處於一個穿戴式科技正要蓬勃發展的時代，舉手投足之間都可以看到穿戴式科技。穿戴式科技可以與手錶和眼鏡結合，記錄我們的活動，讓我們置身虛擬世界，不管是在時尚、功能，還是人與人的連結方面，穿戴式電子裝置都能夠用來設計隱密且吸引人的互動系統。

　　《如何製作穿戴式電子裝置》是專門為那些對於身體數據計算有興趣、正在創造可存在於人體表面的連接裝置或系統的人所撰寫，尤其適合想踏入穿戴裝置領域的Maker。這本書提供了工具與材料列表、介紹可穿戴型電子電路的製作技巧，以及將電子裝置鑲嵌在衣服或其他可穿戴物件上的方法。

超簡單機器人動手做：

用隨處可見的材料發掘最先進的機器人學問

凱希・西西里

420元　馥林文化（8月預定出版）

　　本書的宗旨就是「每個人都可以自己動手做出機器人」！不管是小孩、大學生（不管主修什麼都不是問題）、學校老師、祖父祖母都可以做出機器人！ 如果你會編織、裁縫、或摺紙，就已經可以做出「低科技」的機器人本體了；而如果加上熱熔膠槍，就可以把電子零件焊接到這些「低科技」機器人本體上，使得這些素材可以與環境互動。還有，如果懂得利用手機應用程式（APP），那其實用來編寫簡易機器人程式已經綽綽有餘了！

　　本書以平易近人的文字帶領讀者從基礎勞作出發，一步步走向時下藝術家與發明家開發的尖端產品。在本書當中，你將會學習如何讓日式摺紙作品「動」起來、透過3D列印技術輸出「輪足」機器人、或者寫程式讓布偶貓眨眨牠的機器眼。在每一個專題當中，我們都會提供詳細的步驟說明，除了文字之外，也有清晰易懂的圖表和照片輔助，在每一個專題最後，我們也會提供專題修正的建議以及拓展延伸的可能性，這樣一來，隨著技巧和經驗更上層樓，你可以一次又一次改善研發，使得專題更加豐富多彩。

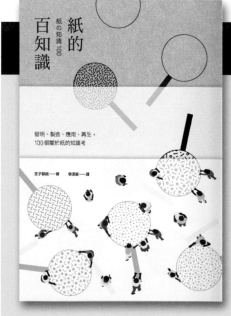

紙的百知識：

發明、製造、應用、再生，100個關於紙的知識考

王子製紙

300元　臉譜出版

　　在精神和物質層面，紙都是人類不可或缺的工具。

　　長久以來，我們用紙記事、著述、創作、溝通──紙是最重要的載體，保存人類心智思索的軌跡；另一方面，我們也依賴紙而生活：鈔票、包裝盒、便利貼、衛生紙……生活與工作中各式各樣的紙製產品，確保了方便安全的現代社會。

　　然而，現代人對紙所知甚少，其實除了「東漢蔡倫造紙」、「造紙及印刷術促進文藝復興」之外， 千百年來，紙在製造與應用的技術上不停與時俱進，至今累積了非常豐厚的成果。

　　本書由日本百年製紙大廠──王子製紙所撰，從紙的歷史娓娓道來，詳實地介紹紙的種類、特徵、原料、製程，並說明紙品的回收及永續利用，帶領讀者全方位地理解「紙」──原來，紙不僅美麗、細緻、充滿人文溫度，製造過程也蘊含著尖端的工藝與科技應用，它的未來，更是能夠與環境生態共存共榮的優良媒材。

SCULPUTURE DEPOT可調式塑像支架
64-77美元：SCULPTUREDEPOT.NET
好的塑像立架是成功的一半，讓雕刻過程更順利。SCULPUTURE DEPOT立架穩定性夠、可調整性大，遠優於其他品牌，是你需要買的第一個也是最後一個立架。

SCULPEY MEDIUM美國土混合泥
10美元：SCULPEY.COM
哈利路亞！再也不用為了得到完美比例的黏土而不停的混合軟土和硬土了。一開始接觸到SCULPEY MEDIUM時，我都快感動得哭了。燒製、打磨後，會呈現更完美的狀態，堅固且光滑。

MONSTER黏土
**30美元（5磅）
：MONSTERMAKERS.COM**
無硫磺、以油為基底的柔順黏土已經取代我其他的黏土。我可以快速做出細節和組織形狀，它還可以阻礙黏土乾化，比我以往使用的還要平滑。怪獸製作者（Monster Maker）未來還會推出軟版和硬版，我快等不及了！

YASUTOMO捲袋
12美元：YASUTOMO.COM
我最愛的簡約工具袋。是什麼讓這個捲袋這麼特別？很多雕刻用具的兩頭都會有不同的功能，YASUTOMO捲袋與一般口袋的設計不同，可以將工具的兩端都露出來，一眼就可以看到最適合現在需要的工具。

KEN'S TOOL雕塑工具 ITTY BITTY 1
13.75美元：KENSTOOLS.COM
肯·班克斯（Ken Banks）的Itty Bitty系列以他的長柄和鐵圈環大放異彩。他們可在硬蠟上雕刻出細節或是耙平大塊的黏土，我的工具袋絕對少不了他們。

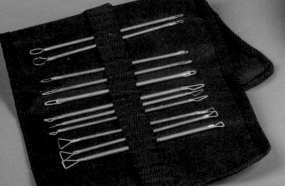

Hep Svadja

文：傑森·鮑勃勒

MAKE: BELIEVE 雕塑作品
makezine.com/go/gift-guide-2015

動手玩科學：
邊玩邊學的兒童教育
柯特・蓋比爾森
380元　馥林文化

　　要怎麼樣才能帶著孩子做出一個個成功的自然科學專題呢？如果孩子問了你答不出來的問題該怎麼辦？我們又要怎麼樣才知道孩子有從中學習？在工作坊中「摸來摸去」的孩子真的有學到東西嗎？

　　「玩中學」的概念是並非新創，從人類有歷史開始，當人們想要瞭解更多的時候，最有效的方法就是透過不斷的「動手嘗試」、觀察周遭的實物進而一窺真理的面貌。

　　《動手玩科學：邊玩邊學的兒童教育》將會帶領你了解「動手玩科學專題」的方法、竅門和背後的教育思路。作者柯特・蓋比爾森推廣「玩中學」的科學教育達二十餘年，在孩子們「東摸西摸」做專題的過程中在一旁輔導，使得孩子們得以在實作中學到扎實的知識！

讓東西動起來——
給發明家、業餘愛好者以及藝術家的DIY機械裝置
達絲婷・羅勃茲
580元　馥林文化

　　在《讓東西動起來——給發明家、業餘愛好者以及藝術家的DIY機械裝置》一書中，您將學到要如何透過非技術性的說明、範例以及DIY專題——從動態裝置藝術、創意玩具到能源採集裝置——來成功地製作出會動起來的機械裝置。每個專題中皆有照片、插圖、螢幕截圖及3D模型圖像來協助說明。

　　本書中著重於使用現成的組件、容易取得的材料及製造技術，是您獨一無二的工具書。簡單的專題讓您可以動手實作並應用被涵蓋在數個章節中的技巧；而最後面較複雜的專題則整合了前面數個章節中的主題。經由此書的幫助，您可以透過書中實際的創作指南，來將天馬行空的想法化為真實。

壓克力機器人製作指南

三井康亘
400元　馥林文化

　　「壓克力機器人」約於40年前誕生，以透明壓克力板加工製作，並具備簡單的動作構造，本書為其製作指南。

　　內容包含許多模仿動物或昆蟲等獨特動作的機器人；不論是孩提時代曾熱衷於「壓克力機器人」的讀者還是第一次接觸的讀者，都能藉由本書踏入進化後「壓克力機器人」世界。

　　作者三井康亘為機器人藝術家。1947年生於大阪，後進入同志社大學的機械工程學系就讀，畢業後前往東京成為插畫家，並於1974年秋天開始製作壓克力機器人。至今為止已製作了大約2,000臺。也因身為TAMIYA「ROBOCRAFT系列」及Vstone公司「M系列」的機器人開發者而知名。

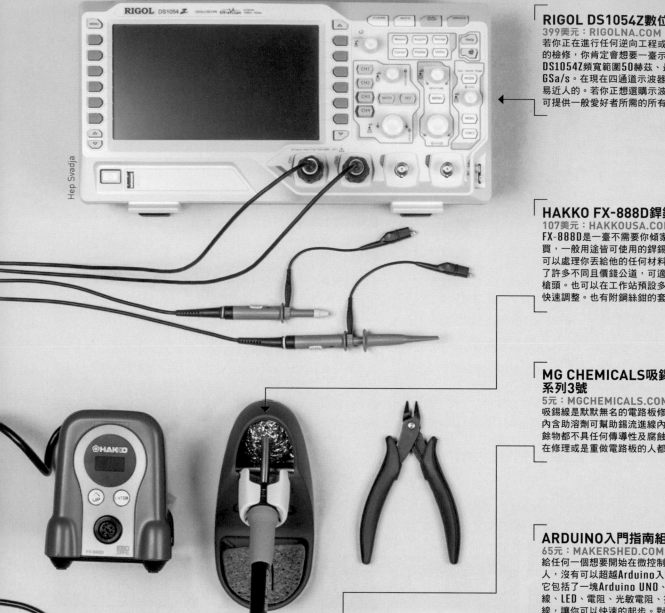

Hep Svadja

RIGOL DS1054Z數位示波器
399美元：RIGOLNA.COM

若你正在進行任何逆向工程或是複雜電路的檢修，你肯定會想要一臺示波器。Rigol DS1054Z頻寬範圍50赫茲、最大取樣率1 GSa/s。在現在四通道示波器中，價錢是最平易近人的。若你正想選購示波器，這臺機器可提供一般愛好者所需的所有資訊。

HAKKO FX-888D銲錫工作站
107美元：HAKKOUSA.COM

FX-888D是一臺不需要你傾家蕩產就可購買，一般用途皆可使用的銲錫工作站。它幾乎可以處理你丟給他的任何材料。Hakko也提供了許多不同且價錢公道，可適合特殊工作的焊槍頭。也可以在工作站預設多種溫度，方便於快速調整。也有附鋼絲鉗的套件組合。

MG CHEMICALS吸錫線400NS系列3號
5元：MGCHEMICALS.COM

吸錫線是默默無名的電路板修理英雄。吸錫線內含助溶劑可幫助錫流進線內，任何留下的殘餘物都不具任何傳導性及腐蝕性。是每一個正在修理或是重做電路板的人都該擁有的商品。

ARDUINO入門指南組V3.0
65元：MAKERSHED.COM

給任何一個想要開始在微控制器世界起步的人，沒有可以超越Arduino入門指南組的了。它包括了一塊Arduino UNO、麵包板、跳線、LED、電阻、光敏電阻、按鈕和組合電線，讓你可以快速的起步。對於初學者，這是一套很棒的組合，也是一個學會電子學的好方式。

工程師SS-02吸錫器
23美元：ENGINEER.JP

這個小巧的吸錫器便於攜帶，也是我使用過性能最好的吸錫器了。吸頭不是像其他吸錫器使用堅硬的鐵氟龍，而是採用有彈性、耐熱的矽立康管子。這可以讓你直接將它放在烙鐵頭上吸取最大量的脫銲。

電子製作
文：喬登‧邦客
ELECTRONICS

makezine.com/go/gift-guide-2015

Arduino 快速上手指南

梅克 · 施密特

420元　馥林文化

　　您準備要發明什麼了呢？Arduino平臺是切入嵌入式系統很好的出發點，而本書就是您的指路地圖。從入門基礎到複雜的感測器，甚至遊戲控制器等等，書中提供的範例發人深省，讓人有無限創意。除了知識傳授之外，更能引起讀者著手去作專題的慾望，對軟體工程師來說是極佳的入門教材。

　　本書有多種有趣而且實用的Arduino專題，您在幾分鐘之內就可開始親手製作一些小玩意，只要一步一步跟著書中的指令與照片，即使沒有電子學相關經驗也可以直接開始！

　　您將學到如何使用三軸加速度計來製作動作感測遊戲手把，將Arduino連上網路並設計客戶伺服端應用程式，以及使用Arduino加上少許便宜零件就能完成的萬用遙控器。除此之外，您還能自製防盜警報器，只要有人在客廳中移動，就會自動傳送電子郵件給您，還有能在專題中整合任天堂Wii NunChuk搖桿、二進位骰子、焊接技術等等更多內容。

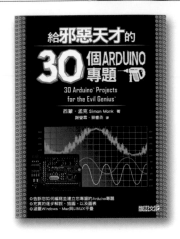

給邪惡天才的30個Arduino專題

西蒙 · 孟克

560元　馥林文化

　　Arduino開發板提供給邪惡天才一套價格低廉、容易上手的技術來開發他們的邪惡專題。因此現在一系列的新專題可藉由這套技術來開發，並且可由電腦控制這些專題。而當一組由電腦來驅動伺服機控制雷射的專題完成後，全世界將掌握於邪惡天才的手中！

　　這本書將為您介紹邪惡天才如何將Arduino開發板連上電腦，並撰寫控制原始碼，再接上各式各樣的電子元件來製作專題。包含先前所提到由電腦來驅動伺服機控制雷射、透過USB來控制電扇或者製作溫度記錄器、光豎琴與聲波示波器，當然我們能做的不只這些。

　　書中將提供每個專題的詳細示意圖與製作流程，並且不需要用到烙鐵或其他特殊工具。然而，邪惡天才當然希望可以將這些插在麵包板上的專題，更加精進成可永久保有的類型，而這些書中也有詳細的介紹。

Circuit Cellar 嵌入式科技 國際中文版 Issue 2

Circuit Cellar

280元　馥林文化

　　本期內容以嵌入式程式設計與應用開發為主軸，封面故事〈FlashForth嵌入式應用開發大躍進〉一文將深入探討當前從彗星探測到大學實驗室都積極採用的熱門FlashForth互動式開發程式語言；〈科技大未來〉專欄為讀者報導〈嵌入式Linux的未來〉，講述今後嵌入式Linux在開發模組、Bare Meatal、各種版本Linux系統發佈套件及系統整合的發展狀況與各種可運用的資源。「編輯精選」則將主軸放在嵌入式程式設計上，為讀者精選適用於FPGA/CPLD程式設計新手的Verilog程式語言、嵌入式物件導向程式設計、支援Verilog HDL的微處理器膠合連結邏輯，以及控制中心軟體的設計要訣等。

　　除此之外，延續上期〈電子測試平臺〉特別報導，本期中將進一步詳細解說附掛的掃頻產生器電路板。〈完美工程師〉專欄則繼上期EMC與電磁力定義的介紹，進一步探討差動模式和共同模式在訊號之間的差異。

circuit cellar 嵌入式科技 國際中文版

《Circuit Cellar 嵌入式科技 國際中文版》是一本專門以嵌入式及微控制器 (MCU) 相關技術領域專業人士、學者及電子專家為鎖定對象，同時內容涵蓋嵌入式軟硬體、電子工程及電腦應用等各種主題的專業級雙月刊雜誌。

藉由本雜誌的長久浸淫，您將成為全方位跨領域的從業人員，進而能充滿自信地將創新與尖端前瞻的工程構想，完美運用在各種相關任務、問題及技術上。

《Circuit Cellar 嵌入式科技 國際中文版》是當前唯一一本會以實作專案的報導方式，深入剖析如何運用各種嵌入式開發、資料擷取、類比、通訊、網路連接、程式設計、測量與感測器、可程式邏輯等技術，並整合搭配物聯網、節能減碳、資訊安全等趨勢議題的技能與竅訣。

嵌入式玩家、創客與專家，可以從中了解各種新興嵌入式技術靈活搭配與整合的技巧，長此以往必能培養出開發各種實用智慧應用的驚人能耐與超強實力。

多特報

每期一次給足多達 3～4 個特別報導，讓你一次掌握各種最新、最熱的話題趨勢與技巧，進而自我培育出擅長各種技術與趨勢領域的實戰經驗與整合能力。

多專欄

更多元化的不同專欄，從必備知識的汲取到各種疑難雜症的排除，從節能減碳的參與到嵌入式系統的規劃，再從嵌入式創客世界進展到可程式邏輯實作，都可以從中一一體會與感受。

單本售價 280 元

 一年 6 期 超值優惠價 **1260** 元

限 2016.9.30 前

金石堂、博客來、誠品及其他書店均有販售

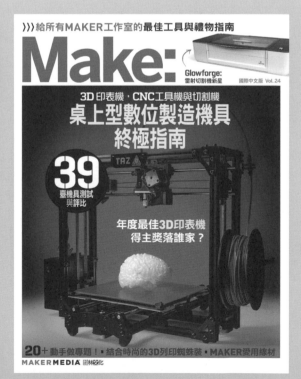

請務必勾選訂閱方案，繳費完成後，將以下讀者訂閱資料及繳費收據一起傳真至（02）2314-3621或撕下寄回，始完成訂閱程序。

※請沿虛線剪下

請勾選	訂閱方案	訂閱金額
☐	自 vol._____ 起訂閱《Make》國際中文版 _____ 年（一年6期）※ vol.13（含）後適用	NT $1,140 元 （原價 NT$1,560 元）
☐	vol.1 至 vol.12 任選 4 本，_____	NT $1,140 元 （原價 NT$1,520 元）
☐	《Make》國際中文版單本第 _____ 期 ※ vol.1～Vol.12	NT $300 元 （原價 NT$380 元）
☐	《Make》國際中文版單本第 _____ 期 ※ vol.13（含）後適用	NT $200 元 （原價 NT$260 元）
☐	《Make》國際中文版一年＋ Ozone 控制板，第 _____ 期開始訂閱	NT $1,600 元 （原價 NT$2,250 元）
☐	《Make》國際中文版一年＋ Raspberry Pi 2 控制板，第 _____ 期開始訂閱	NT $2,400 元 （原價 NT$3,240 元）
☐	《Make》國際中文版一年＋《自造世代》紀錄片 DVD，第 _____ 期開始訂閱	NT $1,680 元 （原價 NT$2,100 元）

※ 若是訂購 vol.12 前（含）之期數，一年期為 4 本；若自 vol.13 開始訂購，則一年期為 6 本。
（優惠訂閱方案於 2016／9／30 前有效）

訂戶姓名 ☐ 個人訂閱 ☐ 公司訂閱		☐ 先生 ☐ 小姐	生日	西元_____年 _____月_____日
手機			電話	(O) (H)
收件地址	☐ ☐ ☐			
電子郵件				
發票抬頭			統一編號	
發票地址	☐ 同收件地址　☐ 另列如右：			

請勾選付款方式：

☐ 信用卡資料（請務必詳實填寫）		信用卡別　☐ VISA　☐ MASTER　☐ JCB　☐ 聯合信用卡	
信用卡號		｜　　｜　　－　　｜　　｜　　｜	發卡銀行
有效日期	月　　　年	持卡人簽名（須與信用卡上簽名一致）	
授權碼	（簽名處旁三碼數字）	消費金額	消費日期

☐ 郵政劃撥 （請將交易憑證連同本訂購單傳真或寄回）	劃撥帳號	1　9　4　2　3　5　4　3
	收款戶名	泰　電　電　業　股　份　有　限　公　司

☐ ATM 轉帳 （請將交易憑證連同本訂購單傳真或寄回）	銀行代號	0　0　5
	帳號	0　0　5 － 0　0　1 － 1　1　9 － 2　3　2